昆虫世界大揭秘

昆虫和它们的亲戚

韩雨江　陈琪◎主编

目录

剧毒的装饰——毛虫

毛虫是鳞翅目昆虫（蝶类及蛾类）的幼虫。这种昆虫大部分生活在植物上，以植物的茎叶为食，经常会造成植物的叶片缺损甚至死亡。毛虫的身体非常柔软，爬行速度非常缓慢，是许多鸟类等动物喜爱的食物。为了保护自己不被吃掉，毛虫通常会通过进化出各式各样的拟态、色彩斑斓的花纹或有毒的毛来保护自己。

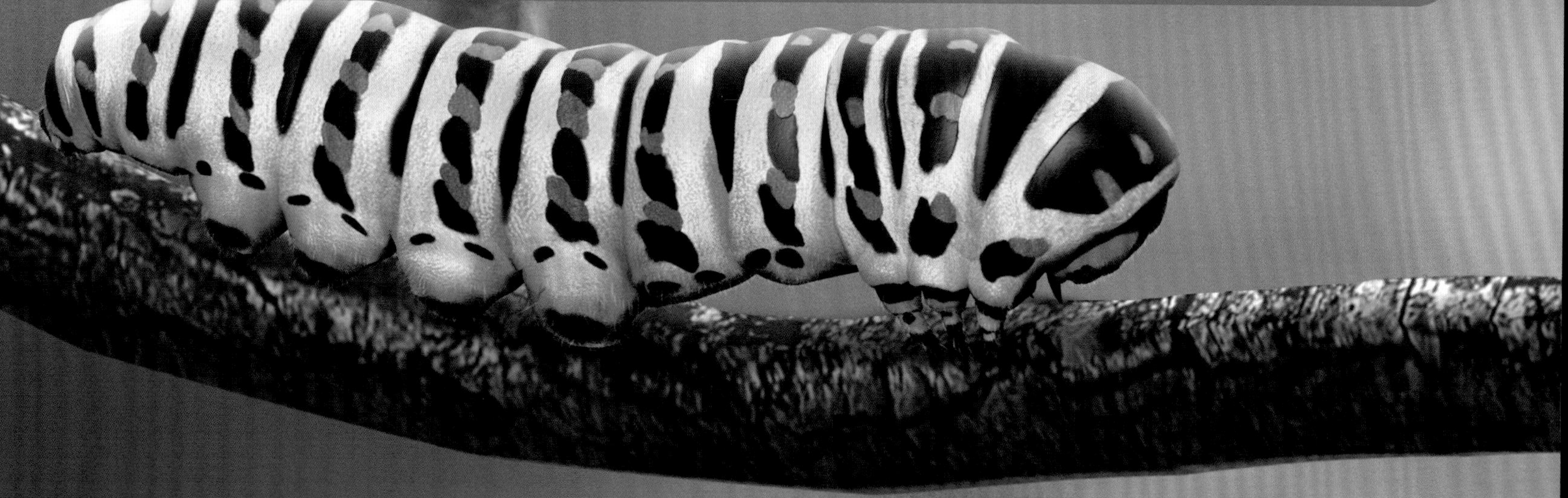

“毛毛虫”

许多毛虫为了保护自己，进化出了带毒的毛。这些毛虫通常在食物中获取毒素，并囤积在体外的针毛上。人类如果不慎触碰到它，毛虫的毛刺入人体，其注入的毒素可能会引起皮炎。

吃肉的毛虫

太平洋的夏威夷海岛上生活着世界上唯一一种肉食毛虫，这种毛虫的伪装技术非常巧妙，还拥有非常高超的捕食技巧，甚至能捕捉飞在空中的小型鸟类！

毛虫的腹足并不是“脚”，而是由肌肉组成的“辅助器官”。

毛虫通常拥有3对真正意义上的足——胸足。

毛虫的颚十分强壮，能够非常迅速地啃食植物。

小档案

名称：毛虫。

分类：鳞翅目。

分布：世界各地。

生活环境：植物外表。

真假八对脚

毛虫虽然只有三对胸足，但毛虫还有几对由肌肉组成的“腹足”，这些腹足虽然不是真正的足，但也能用来走路，还能帮助毛虫在进食时抓住叶子。

绸缎纺织家——桑蚕

桑蚕是一种拥有完全变态发育过程的昆虫。桑蚕的卵只有芝麻粒大小，刚孵化出的小桑蚕和蚂蚁一样大，通体呈黑色，在出生两个小时后就会开始啃食桑叶。经过第一次蜕皮之后，桑蚕就会变成白色软绵绵的样子。等到最终从蚕茧中破茧而出后，桑蚕会变成大肚子的蚕蛾，产卵后结束其一生。

爱睡觉的蚕

桑蚕的饭量极大，身体长得也非常快，等身体长到一定程度后就需要蜕皮，这时的桑蚕就会用少量的丝将自己固定好，像是睡着一样一动不动，开始为蜕皮做准备。

小档案

名称：桑蚕。
分类：鳞翅目蚕蛾科。
分布：温带、亚热带及热带地区。
食性：植食。
特征：幼虫通体白色，结白色茧。

桑蚕的身体像一个纺锤。

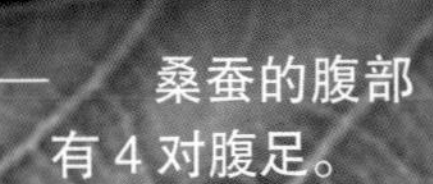

桑蚕的腹部有 4 对腹足。

蚕蛾不会飞

破茧而出的蚕蛾长得很像蝴蝶，肚子却比蝴蝶要大得多。正因为它们的翅膀太小了，翅膀没办法托起大大的肚子，所以蚕蛾根本没办法飞起来。

超级长的丝

在英语中，桑蚕又被称为丝虫，是因为它们吐出来的丝能够用来织丝绸。别看桑蚕做的蚕茧小小的，但织成蚕茧的丝足有 1000 米长！

毛茸茸的精灵——蚕蛾

蚕蛾的外形与蝴蝶很像，它们也拥有大大的翅膀。但与蝴蝶不同的是，蚕蛾浑身都长有白色鳞毛。它们的腹部很大，翅膀相对比较小。已经退化的翅膀无法拖起笨重的身体，因此蚕蛾几乎没有办法飞行。雄性蚕蛾的身体较小，步足比较发达，能够快速地来回爬动，通过不断扇动翅膀来吸引雌性注意。

蚕的成长史

蚕蛾的幼虫就是白胖胖的蚕宝宝。在蚕长大成熟之后，吐丝织茧，将自己包裹在里面化蛹，最后破茧羽化，就变成了毛茸茸的蚕蛾。

小档案

名称：蚕蛾。
分类：鳞翅目蚕蛾科。
分布：埃塞俄比亚区及东洋区。
特征：浑身披有白色鳞毛，翅膀小，腹部肥大。

蚕蛾的翅膀有两对，但退化严重，只能用力扇动，无法飞行。

蚕蛾的胸部长有三对胸足，能够较快地爬动来寻找配偶。

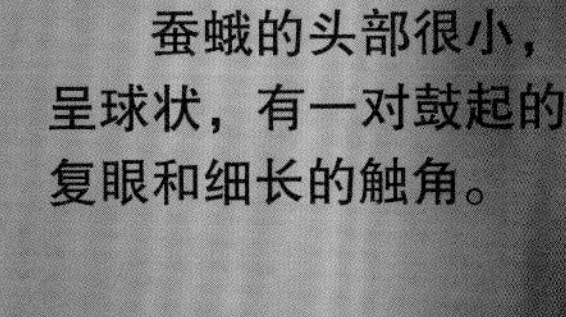

蚕蛾的头部很小，呈球状，有一对鼓起的复眼和细长的触角。

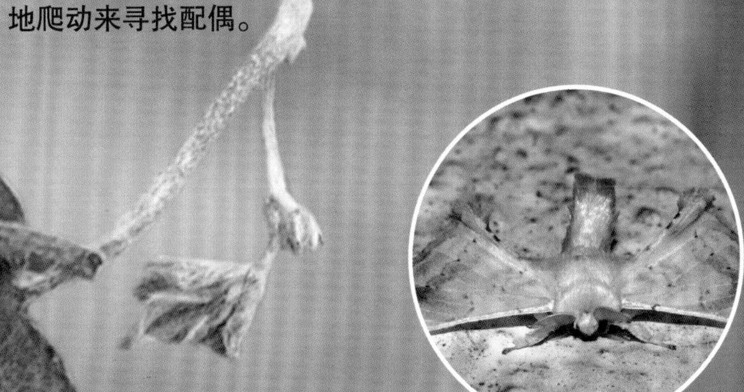

蚕蛾的腹部没有腹足，只靠一对胸足爬动。

退化的翅膀

在很久以前，蚕蛾的祖先是会飞的。但由于长期被人类饲养，蚕蛾已经不需要通过飞翔来寻找配偶，因此时间久了，蚕蛾的飞行能力就退化了。

短暂的生命

蚕蛾的生命非常短暂。在破茧羽化之后，蚕蛾就要在几个小时内寻找到心仪的配偶，来完成繁衍后代的使命。在产卵后，蚕蛾的生命很快就会结束。

吞噬同类

七星瓢虫有吃卵的习性，成虫喜欢吃掉已产下的卵块，幼虫则有互相捕食的习性，同一卵块中早孵出的个体常吃掉尚未孵化的卵粒，大龄幼虫常吃掉小龄幼虫，蛹也常被成虫和大龄幼虫吃掉，在七星瓢虫中，吞噬同类已是司空见惯。

田间小卫士——七星瓢虫

七星瓢虫的身体像半个圆球一样，红色的翅膀外层硬硬的，上面生有七个黑色圆点图案，因此被称为七星瓢虫。七星瓢虫是蚜虫的天敌，雌虫会专门寻找有蚜虫的植物并在上面产卵。从幼虫时起，七星瓢虫就开始以蚜虫为食，植物上蚜虫越多，它们吃得就越多，甚至连越冬都不会离蚜虫聚集的地方太远。

扫一扫

扫一扫画面，小昆虫就可以出现啦！

小档案

名称：七星瓢虫。
分类：鞘翅目瓢虫科。
分布：我国东北、华北、华中、西北、华东及西南地区。
特征：鞘翅上有7个圆形黑点。

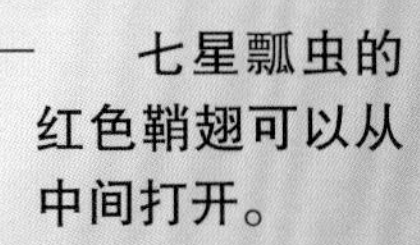

七星瓢虫的红色鞘翅可以从中间打开。

七星瓢虫的鞘翅上生有7个黑色斑点。

七星瓢虫的头很小，触角也很短。

七星瓢虫有3对足。

没有斑点的七星瓢虫

七星瓢虫身上的斑点是在破蛹后到鞘翅变硬的过程中长出来的。如果这时七星瓢虫受到惊吓进入假死状态的话，它们的斑点就再也不会出现，会变成一只没有斑点的七星瓢虫。

田间卫士

七星瓢虫是一种捕食类的昆虫。它们拥有非常厉害的口器，会大量捕食蚜虫、臭虫等农业害虫，对农业大有裨益，甚至被人们授予了“活农药”的光荣称号。

害虫的克星——十三星瓢虫

在我们的印象当中，十三星瓢虫大多都给人一种小巧玲珑的印象。不过它们可是真正的害虫克星，不论成虫还是幼虫都捕食棉蚜、槐蚜、麦长管蚜、豆长管蚜、麦二叉蚜等害虫，保护着我们的树木和庄稼。它们在中国一般分布于吉林、河北、山东、河南等地区。

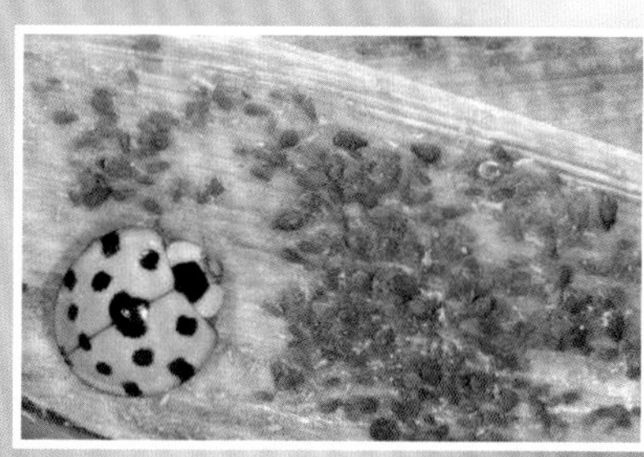

它们的生活习惯

十三星瓢虫特别怕冷，到了冬天很容易被冻死，所以它们冬天都会在树皮缝及墙缝等隐蔽处越冬，3月下旬出来活动，一般在果树中普遍存在。

十三星瓢虫的鞘翅可以从中间打开。

十三星瓢虫的 3 对足和身体都藏在翅膀下面。

十三星瓢虫的鞘翅上一般生有 13 个黑色斑点。

十三星瓢虫的头很小，触角也很短。

小档案

名称：十三星瓢虫。
分类：鞘翅目瓢虫科。
分布：中国吉林、河北、山东、河南。
生活环境：森林或草丛中。
特征：鞘翅上有 13 个黑点。

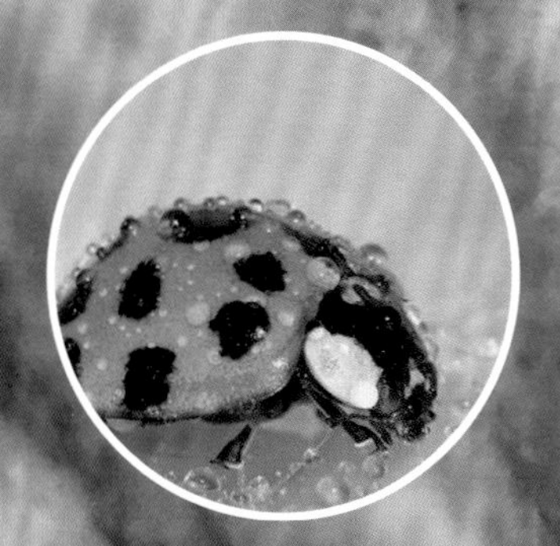

假死与保护液

在面对天敌的时候，十三星瓢虫有两种手段：一种是分泌出黄色的、气味极难闻的液体来吓走敌人。如果敌人不惧怕这种气味，十三星瓢虫就会用第二种手段——“装死”来欺骗敌人。

没有斑点的瓢虫

十三星瓢虫身上的斑点是在破茧后到鞘翅变硬的过程中长出来的。如果这时十三星瓢虫受到惊吓进入假死状态，它们的斑点就再也不会出现，会变成一只没有斑点的瓢虫。

蜗牛捕食家——台湾窗萤

台湾窗萤是一种仅生活在中国台湾的萤科昆虫。它是一种肉食性昆虫，在从幼虫到成虫的整个阶段中，台湾窗萤都以蜗牛及螺类为食，甚至会捕捉非洲大蜗牛的幼体。台湾窗萤雌虫与雄虫的外观区别很大，只有雄虫才拥有完整的翅膀，可以四处飞。

扫一扫画面，小昆虫就可以出现啦！

幼虫阶段

台湾窗萤的幼虫喜欢生活在比较潮湿的地方，通常会钻到湿润的土壤中或是躲到腐烂落叶的下面。这样的环境既可以保证它们不损失水分，也能避免它们被天敌发现。

化蛹没有壳

在台湾窗萤幼虫长到一定月龄后，它们会爬到石头缝隙或是树洞里藏起来，直接蜕皮进行化蛹，并不会制作茧来保护自己。

小档案

名称：台湾窗萤。
分类：鞘翅目萤科。
分布：中国台湾。
生活环境：潮湿环境。
特征：翅边缘呈橘色，尾部能发光。

台湾窗萤雄虫的翅膀外侧，橙色边缘非常明显。

台湾窗萤的雌虫产卵后，身体会明显变扁。

台湾窗萤的荧光在尾部。

独特的走路方式

与大多数萤科昆虫的幼虫不同的是，台湾窗萤的幼虫可以用尾足抓住地面来行走。可它们的尾足却不是爪子或昆虫步足的形状，而是类似于小毛刷，依靠毛刷状肌肉的褶皱丛来抓住地面。

甜食爱好者——东方蝼蛄

东方蝼蛄是一种广泛分布在我国境内的昆虫，一生都生活在土壤之中。刚孵化 3 ~ 6 天的幼虫会一直生活在一起，一同寻找无光、无风、无水的环境。等过了最脆弱的几天后，东方蝼蛄就会分散开，各自寻找生活领地。东方蝼蛄对植物的种子和幼苗都非常喜爱，因此对农业的危害很大。

爱潮湿

东方蝼蛄喜爱在河岸和水渠附近生活，尤其是在繁殖的时候，雌性东方蝼蛄会寻找合适的水源，在环境潮湿的地方筑巢产卵。

爱甜食

香味和甜味对东方蝼蛄有非常大的诱惑力。尤其是炒香的谷物或豆子，东方蝼蛄对这类香甜的食物毫无抵抗力，哪怕是陷阱也会毫不犹豫地跑进去。

小档案

名称：东方蝼蛄。
分类：直翅目蝼蛄科。
分布：中国各地。
生活环境：潮湿环境。
特征：全身灰褐色。

东方蝼蛄的成虫全身是灰褐色的。

东方蝼蛄的前翅很短，不擅长飞行。

爱光线

东方蝼蛄成虫非常喜欢光线，尤其是雌性东方蝼蛄，它们有非常强的趋光性。在没有月光的深夜，用灯光来引诱的话，能够很轻松地捕捉到大量的东方蝼蛄。

蘑菇爱好者——蠼螋

扫一扫

扫一扫画面，小昆虫就可以出现啦！

蠼螋是一种很常见的捕食性昆虫，它们一般生活在树皮缝隙、腐朽的枯木和落叶下，非常喜欢阴暗潮湿的环境。因为生活环境的不同，蠼螋的取食范围也不同。生活在田间的蠼螋因为捕食害虫的缘故，被视作益虫。但在菌类养殖业中，蠼螋因为过于喜爱吃蘑菇，而被当作害虫。

蚜虫的天敌

蠼螋的口器非常锋利，能够进行咀嚼。生活在田间的蠼螋热衷于捕捉蚜虫、负蝗、棉铃虫等害虫。

爱吃蘑菇的蠼螋

蠼螋是一种杂食性昆虫，一般会取食植物的花叶及腐败的动植物残体，有时还会捕食小昆虫，但蠼螋最爱吃的是平菇和草菇。

小档案

名称：蠼螋。
分类：革翅目蠼螋科。
分布：热带及亚热带地区。
生活环境：阴暗潮湿的环境。
食性：杂食。
特征：尾须呈夹子形状。

蠼螋的尾部有一对夹子形状的尾须，非常坚硬。

蠼螋没有后翅，因此不会飞。

蠼螋只有一对复眼，没有单眼。

保护宝宝的蠼螋

蠼螋的雌虫有很明显的护卵行为。在产卵后，雌性蠼螋便会守在卵旁边，或者用自己的身体保护卵。等卵孵化之后，低龄的若虫也一直跟随母亲生活，直到能够自保为止。

蛋白质饲料宝库——黄粉虫

黄粉虫又叫面包虫，属于鞘翅目拟步甲科昆虫。原产于北美洲，20 世纪 50 年代被引入我国饲养。黄粉虫干品脂肪含量达到 30%，蛋白质含量高达 50%，此外，还含有磷、钾、钠等常量元素和多种微量元素，有很高的营养价值。

小档案

名称：黄粉虫。
分类：鞘翅目拟步甲科。
分布：北美洲。
生活环境：温暖、通风、干燥、避光。
特征：喜群居，喜暗光，黄昏后活动较盛。

身体呈黄色且有光泽，长约 35 mm、宽约 3 mm，呈圆筒形。

种族厮杀

黄粉虫的幼虫和成虫之间有大吃小的习惯，缺少食物时成虫就会吃掉幼虫，幼虫有时也会咬伤蛹。因此，要将不同龄期的黄粉虫（卵、幼虫、蛹、成虫）分开，放在各自的饲养箱中饲养。

土壤下的小国家——蚂蚁

蚂蚁是一种生活中极为常见的小昆虫。大多数蚂蚁的食性很杂，如果生活在室内，蚂蚁会经常取食于人类的食物或垃圾，有一些种类还会影响到人类生活。蚂蚁是群居性昆虫，它们会筑造庞大的巢穴来供种群居住。在巢穴中，为了能够更好地保存食物，蚂蚁们还会仔细地将活动室和储藏室分开。

蚂蚁社会

蚂蚁的社会体系非常完整，它们分别承担着不同的责任：蚁后肩负着整个种群繁衍的重任，雄蚁只负责与蚁后交配，工蚁负责维持日常生活，兵蚁则负责保护蚁巢安全。

小档案

名称：蚂蚁。
分类：膜翅目蚁科。
分布：世界各地。
生活环境：潮湿环境。
特征：身体有三节，腰很细。

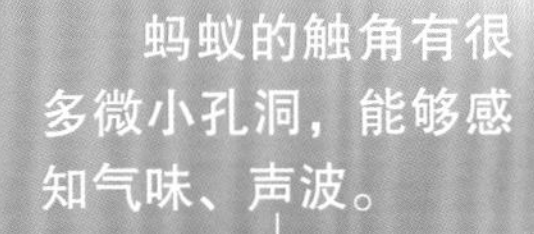

蚂蚁的触角有很多微小孔洞，能够感知气味、声波。

蚂蚁的复眼很小，单眼有三只。

雌、雄蚂蚁的腹部区别较大：雌蚁腹部粗长，雄蚁较细长。

蚂蚁的口器尤其是上颚非常发达，但上唇已经退化。

蚂蚁的牧场

蚂蚁喜爱甜食，尤其喜爱蚜虫分泌的蜜露。为了得到这种美食，蚂蚁们会将蚜虫搬进自己的巢中“饲养”，等到天气暖和之后，再把蚜虫搬到树上去“放牧”。

沟通方式

蚂蚁的沟通方式非常奇特，它们并不依靠声音或者动作，而是依靠气味。蚂蚁触角上的味觉感受器非常发达，它们会通过互相触碰触角的方式来传递信息。

浩荡行军路——行军蚁

行军蚁，又称军团蚁，和其他蚂蚁不同，行军蚁并不会筑巢，它们是一种迁徙类的蚂蚁，用“游击”的方式生活在亚马孙河流域。行军蚁拥有非常强大的颚，还能分泌出富含蚁酸的毒液，有了这两种武器，行军蚁就可以肆无忌惮地前行，一路捕捉各类昆虫作为食物。

扫一扫画面，小昆虫就可以出现啦！

食人蚁不吃人

在一些传言中，行军蚁被描述成如同恶魔一般恐怖的“食人蚁”，但其实蜘蛛、蜈蚣和其他种类的蚂蚁才是行军蚁最爱的食物。

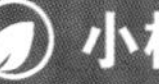

小档案

名称：行军蚁。
分类：膜翅目蚁科行军蚁属。
分布：亚马孙河流域。
食性：杂食。
特征：不筑巢，有锋利的大颚。

浩荡蚁军如潮水

在行军蚁的队伍中，最多能包含一两百万只行军蚁。据记载，人类发现的行军蚁队伍中，最宽的一支队伍宽度足足有 15 m。这样的队伍无论走到什么地方，都会像潮水一样，立刻将猎物淹没。

行军蚁的全身都有丝质绒毛。

行军蚁的头上生有锋利的颚。

蚁桥

在前行过程中，如果遇到难以跨过的地方，行军蚁中就会出现一群“敢死队”，这些行军蚁会咬住彼此，用身体搭成一座“蚁桥”，让其他同伴通过。

最大的集群——石狩红蚁

石狩红蚁是蚁科昆虫的一种。这种蚁经常集群出行，在潮湿、温暖的地方生存。这类蚁的食性比较广泛，经常以植物腺体的分泌物、蚜虫或身体比较软的小型昆虫为食。

和谐生存者

石狩红蚁是一种比较温和的蚁，它们不会和同类斗争，比较团结，会协作建巢并共同进行捕食等行为，是蚁科昆虫中能和谐生存的类型之一。

超级集群

石狩红蚁是群居动物，经常形成超级集群，其数量十分庞大。它们会在温暖且光照充足的地方建不同的巢。这种蚁的集群规模会随季节的变化而变化。

群体冬眠

当进入冬天，气温降到零摄氏度以下时，石狩红蚁会集体开始冬眠，在比较深的土壤里栖息。

头部、腹部等身体部位呈红色。

爬行速度较快，身体轻盈。

小档案

名称：石狩红蚁。
分类：膜翅目蚁科。
分布：主要分布于日本、朝鲜以及中国的东北地区等地。
食性：杂食。
特征：全身呈红色，有少部分有黄褐色的斑点。

沙丘制造者——铲头堆砂白蚁

铲头堆砂白蚁是一种完全栖息在木头中的白蚁，它们不接触土壤，也不需要从木头外面获取水分。铲头堆砂白蚁生有锋利、强壮的大颚和牙齿，能够效率极高地蛀食木头。这种白蚁不会筑造固定的蚁巢，只在木头中蛀出任意形状的蚁道，一边蛀食木头、一边在里面生活。

小档案

名称：铲头堆砂白蚁。
分类：等翅目木白蚁科堆砂白蚁属。
分布：中国南部沿海地区。
生活环境：树木中。
特征：头部又短又厚。

海边的害虫

铲头堆砂白蚁多生活在木质船舱或是木箱内，跟随海路运输扩散到各地。铲头堆砂白蚁会危害沿海的树木，比如椰子，是毫无争议的害虫。

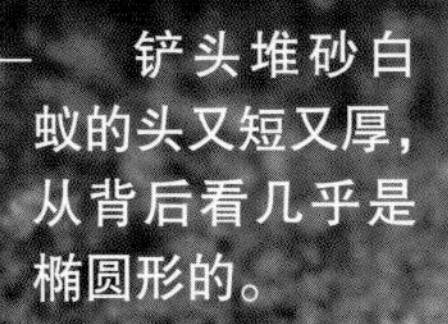

铲头堆砂白蚁的头又短又厚，从背后看几乎是椭圆形的。

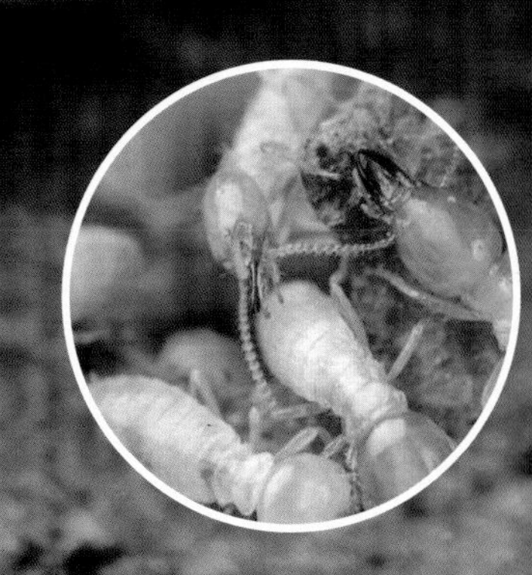

"堆砂"

铲头堆砂白蚁的粪便呈沙粒状，它们会将巢穴内的粪便等垃圾通过蛀物表面的小孔推出去，如果蛀物长时间不移动，就会在下面积成沙堆状，这就是"堆砂"一名的由来。

种群分工

铲头堆砂白蚁的种群内没有工蚁，而是由若蚁代替工蚁。在种群分群后，新种群中的一些若蚁就会发展成有翅成虫，加快新种群的建立。

会飞的蚂蚁——黄翅大白蚁

黄翅大白蚁，是等翅目白蚁科大白蚁属的害虫，多分布于我国南方地区。它们不仅会危害农作物，还会啃食树皮，但对树种有一定要求，更喜欢纤维质、碳水化合物含量高的植物，所以这类植物往往受害较重。

 形态特征

黄翅大白蚁中的兵蚁头部特别大，最宽处位于头壳的中后部，呈深黄色；粗壮的上颚呈黑色，像镰刀。黄翅大白蚁中的工蚁有棕黄色的圆形头部，胸腹呈浅棕黄色，前胸背板宽约为头宽的一半，前缘翘起，腹部膨大像橄榄。

发生规律

黄翅大白蚁常在地下筑巢，蚁巢有主、副之分，副巢大小不等，分布在主巢周围，主、副巢之间有蚁路相通。一巢中有不同形态的个体群，而且有明显分工。兵蚁负责保卫蚁巢，工蚁负责筑巢、采食和抚育幼蚁，蚁后和蚁王繁殖兵蚁和工蚁。王族和补充王族数量较少，只有一对或数对，其余的兵蚁、工蚁常有数百至数百万只不等。

小档案

名称：黄翅大白蚁。
分类：等翅目白蚁科。
分布：越南和中国。
生活环境：土壤中。
食性：植食。
特征：头深黄色，上颚黑色，头翅较长，能飞行。

黄翅大白蚁成虫翅长 24 ~ 26 mm。

黄翅大白蚁前翅鳞大于后翅鳞。

黄翅大白蚁复眼及单眼呈椭圆形，复眼黑褐色，单眼棕黄色。

危害

黄翅大白蚁常在土中筑巢，在树木的根茎部取食，还能从伤口侵入树木内部。树木幼苗被害后会枯死，成年树被害后会生长不良。此外，它还能够破坏房屋和家具，甚至危及堤坝安全。

蚁科害虫——双齿多刺蚁

双齿多刺蚁是蚁科多刺蚁属的一种昆虫，对树木有一定危害，但因有蚁穴的地方发生虫害的概率较小，所以有时也可以保护树木。

 双齿多刺蚁的危害

双齿多刺蚁会用尖利的“嘴巴”叮咬人畜。由于它们直接携带多种病菌，会造成多种疾病，如伤寒、痢疾、鼠疫等，因此，家中一旦发现双齿多刺蚁应彻底清除。

繁殖飞速

双齿多刺蚁的蚁巢内同时有卵、幼虫、蛹、成虫四个阶段的个体。蚁巢大小相差很大，每巢蚁个体数从几千个到上万个不等。

小档案

名称：双齿多刺蚁。
分类：膜翅目蚁科多刺蚁属。
分布：中国，日本，澳大利亚。
食性：杂食。
特征：体黑色，背板有明显的直刺。

双齿多刺蚁工蚁前胸背板前侧角、并胸腹节背板各有两个长的直刺。

双齿多刺蚁雄蚁头很小，单眼或腹眼很大，触角 13 节。

家族庞大

双齿多刺蚁的筑巢活动在雨后最为频繁，筑巢时有大量工蚁会将草屑、虫粪或沙粒等材料运送到筑巢地点，然后用吐丝物将这些筑巢材料连接，一般 3 ~ 6 日就能筑一巢，所以双齿多刺蚁的家族通常很庞大。

逆行武士——蚁狮

蚁狮是蚁蛉的幼虫，是一种非常凶猛的捕食类昆虫。蚁狮通体土褐色，身体呈纺锤形，头和前胸非常小，而腹部非常肥大。蚁狮通过头前部的巨颚来捕食猎物，颚的内侧有吸管状的刺，与颚一同形成刺吸式口器。捕捉到猎物之后，蚁狮就用这对颚夹住猎物，直接将猎物“吸空”。

倒着走的昆虫

蚁狮在制作陷阱的时候，会用后足向后的方式挖沙坑，躲进沙坑里时也是倒退着进去。由于蚁狮经常被人们看到它在倒着走，就有了“倒退虫”的称呼。

扫一扫画面，小昆虫就可以出现啦！

擅于制作陷阱

蚁狮会在沙地上挖出一个漏斗形状的小沙坑，自己则蹲到沙坑的最底端，安静等待猎物上门。当有其他昆虫不小心掉进陷阱里，蚁狮就用有力的颚夹住猎物。

小档案

名称：蚁狮。

分类：脉翅目蚁蛉科。

分布：北美、亚洲及除英国外的欧洲地区。

生活环境：干燥的地表下。

食性：肉食。

特征：身体呈纺锤状。

蚁狮的头部前段生有一对镰刀状大颚，颚上的刺是吸管状。

蚁狮会用后足挖沙坑，因此经常倒着走。

蚁狮的前胸生有沙灰色鬃毛。

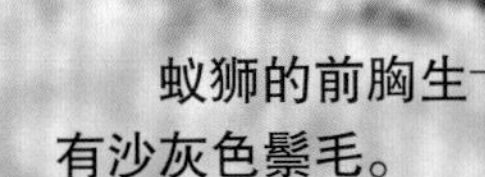

成虫完全不一样

蚁狮的成虫形态叫作蚁蛉，是一种类似蟌和蜻蜓的昆虫。蚁蛉生有两对细长的透明翅膀，和幼虫一样以捕捉其他昆虫为食。

顶级制蜜师——蜜蜂

在小小的蜂巢里，藏着一个庞大的蜜蜂家族。一只蜂后带领着一大群工蜂和雄蜂共同生活。蜜蜂的适应能力极强，从热带雨林到北极圈，只要有植物需要授粉的地方，就有蜜蜂的身影。蜜蜂虽然个头很小，却肩负着维持生态平衡的重任，它们能够将植物的花粉散播到很远的地方，帮助植物更好地结出果实。

扫一扫

扫一扫画面，小昆虫就可以出现啦！

采到的花粉都藏在后足上的花粉筐里。

“8”字采蜜舞

当“侦查员”蜜蜂找到蜜源之后，它们会先回到蜂巢，通过舞蹈来告知同伴蜜源的距离和方向。如果将“侦查员”的舞蹈路线画下来，看起来就是一个横着放的“8”字。

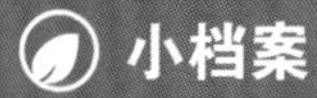

小档案

名称：蜜蜂。
分类：膜翅目蜜蜂科。
分布：世界各地。
特征：尾部带蜇刺。

蜜蜂成长史

随着工蜂们年龄的增长，它们会不断更换工作：刚刚成年的小工蜂们全都留在蜂巢里，负责照顾幼虫；等它们能够记住蜂巢位置之后，就可以筑巢和外出去采蜜；年长的工蜂们则担当“侦查员”，为族群寻找蜜源。

尾部有毒针

蜜蜂的尾部带有锯齿状的毒刺，用来攻击敌人。这根毒刺连接着蜜蜂的内脏，在蜇人后不仅毒刺会留在敌人身上，连接毒刺的内脏也会被一同带出蜜蜂体外，所以蜜蜂很快就会死亡。

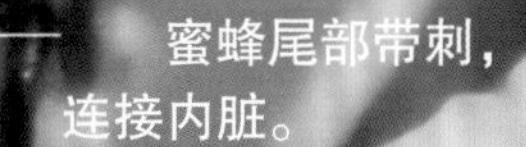

蜜蜂尾部带刺，连接内脏。

黄色大蜂——侧腹栉姬蜂

侧腹栉姬蜂的一生都以寄生的方式存活。幼虫期在寄主体内外取食，成虫期可自由生活，可飞翔或爬行寻找寄主。它具有巨大的经济价值，与人类生活密切相关。

智慧不凡

聪明的侧腹栉姬蜂有充满智慧的过冬方式。在寒冷无比的冬天，它们会聚集到一起抵御寒冷，在进食的时候不需要离开群体取食，而是通过互相传递的办法得到食物。这样可保持群体的温度不变或少变，以利于安全越冬。

翅一般发达，偶有无翅型和短翅型。

寄生于天牛或树蜂中的姬蜂，产卵管甚至能超过 50 mm，但均自腹部腹面末端前伸出。

寄生危害

侧腹栉姬蜂是棉花的天敌之一，种类繁多，体形大小不一，体色变化很大。寄生在草蛉、食蚜蝇、蜘蛛等生物上，会给这些生物带来危害。

大黄蜂

侧腹栉姬蜂体长一般在 8 ~ 20 mm，呈黄褐色或黑褐色，生有密毛；头与胸几乎同样宽；腰部较胸部、腹部纤细；翅透明，前翅有翅痣；足大部分呈黄色。

小档案

名称：侧腹栉姬蜂。
分类：膜翅目科姬蜂科。
分布：中国。
食性：植食。
特征：触角细长，丝状。单眼 3 个，口器发达。

强有力的对手——胡蜂

胡蜂又称马蜂，广泛分布于全世界。提起这种蜂，很多人都感到十分害怕，因为此种蜂比较常见，人一旦被蜇，其毒液就会被人体吸收，对人造成巨大危害。

体形较大，翅膀发达，绒毛短，具有较强的飞行能力。

黑色身体，呈结节状，身体有黄色横纹分布。

胡蜂的复眼很小，单眼有三只。

扫一扫画面，小昆虫就可以出现啦！

具有群居性

胡蜂有群居习性，大量胡蜂会居住在蜂巢里，并且蜂巢会逐渐增大，蜂巢常建造于树木上方。胡蜂一般在春季一天中的中午，正值气温最高时开始出蛰，在温度适宜时，开始筑巢。

最强攻击者

胡蜂有很强的攻击性，遇到强有力的对手，或者受到攻击等不友善行为时，胡蜂会用螯针刺入对方身体，并分泌毒素，对手短时间内就会产生中毒反应，甚至发生死亡。

小档案

名称：胡蜂。
分类：膜翅目胡蜂总科。
分布：世界各地。
食性：主要以植物花的花蜜为食。
特征：身体呈黑色，身体有斑点以及黄色条纹，有螯针。

生长迅速

胡蜂属于完全变态发育的昆虫，是由卵发育而来，最后可发育为成虫，并且每个阶段的形态完全不同，生长速度快，从幼虫羽化为成虫仅需要 2 ～ 3 周的时间。

蜜蜂科害虫——绿条无垫蜂

绿条无垫蜂属于蜜蜂科害虫，它们靠吸取花蜜获得营养。它们的飞行能力很强，觅食前会短暂停留，然后快速奔向花朵，取食瞬间发出高频声响后离开，取食时间很短，但会在同一个地方多次取食。

小档案

名称：绿条无垫蜂。
分类：膜翅目蜜蜂科。
分布：云南。
特征：体长 13 ~ 15 mm，胸部及足呈红褐色。

危害

绿条无垫蜂的蜂毒对人类细胞、皮肤刺激大，过敏体质者被蜇可能致死。但蜂毒也可用于治疗风湿体痛，因为蜂的尾针似针，能刺激人体的经络，可起到疏通经络、调和气血的作用。

找路的好手

绿条无垫蜂耐寒，方向感强，不易迷巢，采集树胶较少。性情温顺，不怕光，能保持安静。采蜜能力很强，擅长利用少量蜜源保证自身生存。

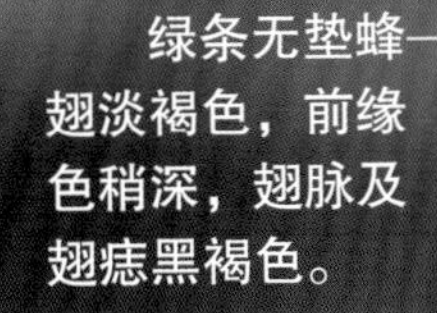

绿条无垫蜂翅淡褐色，前缘色稍深，翅脉及翅痣黑褐色。

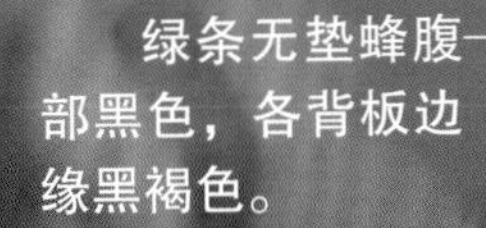

绿条无垫蜂腹部黑色，各背板边缘黑褐色。

绿条无垫蜂的唇基高度为复眼侧面宽的 2/3。

带“锁”的昆虫

绿条无垫蜂有一个非比寻常的技能，它们的大颚已特化成一对大钳子，而且末端还有一个小“机关”，即一旦咬住东西就会自动“上锁”。黄昏时，它们就会集体在植枝上找住处，用强而有力的大颚紧紧咬住枝条睡觉。

高级麻醉师——寄生蜂

小档案

名称：寄生蜂。
分类：膜翅目细腰亚目。
食性：肉食。
特征：不筑巢。

寄生蜂是小蜂科、姬蜂科及茧蜂科等种类昆虫的总称，成年寄生蜂通常会寻找可寄生的宿主，将卵产到被寄生宿主的体表或者体内，卵和幼虫则从宿主的身体获取营养来孵化和发育。因为寄生蜂的宿主选择多为毛虫等昆虫幼虫或卵块，对目标宿主的杀伤力非常大，因此寄生蜂被视为害虫的天敌，对植被和农作物有很强的保护作用。

内寄生

选择内寄生的寄生蜂，会将卵产入宿主的体内，卵在内部孵化后，幼虫可以直接从宿主的身体组织取食，这是一种进化较为完善的寄生方式。

外寄生

选择外寄生的寄生蜂会将卵直接产在宿主体表。因为宿主多半还是存活或半存活的状态，因此寄生蜂必须寻找能够自主隐藏的昆虫作为宿主，才能保证幼虫安全。

寄生蜂通常拥有发达的翅膀，擅长飞行。

高级麻醉师

无论是内寄生还是外寄生，寄生蜂都需要在宿主无法反抗时产卵。而寄生蜂能够分泌一种麻醉液，通过产卵器注入宿主体内，使宿主完全丧失反抗能力。

寄生蜂的足通常比较长，以便于向宿主体内产卵。

狩猎者——泥蜂

泥蜂是泥蜂总科昆虫的总称，分布于全世界，已知约 9000 余种，在热带和亚热带地区种类和数量较多，北极圈内也有泥蜂分布。某些泥蜂的头或体上由浓密的银色毛组成斑。幼蜂无足，有些在胸部和腹部侧面具有小突起，和成年泥蜂有很大的差别。雌性泥蜂腹部末端螯针比雄性更发达。

后足附节呈柱状，常无毛。

泥蜂口器有咀嚼式和嚼吸式两种。

前胸背板短，虽后角呈圆瓣状，但不能向后延伸至翅基片。

小档案

名称：泥蜂。
分类：膜翅目泥蜂总科。
分布：世界各地。
生活环境：热带和亚热带地区。
特征：前胸背板短，后角呈圆瓣状。

捕食性

大多数泥蜂捕食性很强，少数为寄生性或盗寄生性。成年泥蜂捕猎节肢动物，包括昆虫、蜘蛛、蝎子等。它们捕到猎物后，用螯针将其麻痹，然后将猎物带回巢内供幼蜂食用。

土中筑巢

泥蜂大多数在土中筑巢，如沙泥蜂属；某些用唾液与泥土混合成水泥状坚硬的巢，如壁泥蜂属；有些在地上的自然洞穴内或利用其他昆虫的旧巢，如短柄泥蜂属；少数在树枝内或竹筒内筑巢，如某些小唇泥蜂。土中筑巢的巢穴结构、巢室的数量、入口处的形状因不同的属或种而异。

植被杀手——蝗虫

蝗虫又被称为蚂蚱。蝗虫的口器非常利于切断及咀嚼植物茎叶，因此它们对植物的取食速度非常快。在缺乏食物或者气候干旱的时节，蝗虫经常会啃光植物，造成寸草不生的灾害局面。又因为蝗虫擅长飞行，所以形容蝗虫大面积聚集的情况时，有“飞蝗过境，寸草不生”的俗语。

长途旅行者

蝗虫的胸背部生有两对翅膀。前翅比较坚硬，能够起到保护后翅及腹部的作用。而后翅则更为柔软，平时折叠收好，在飞行时完全展开，能够帮助蝗虫进行长距离迁徙。

蝗虫有一对复眼和三只单眼。

蝗虫的口器由五部分构成，非常适合切碎及咀嚼植物。

蝗灾危害

蝗灾，是指蝗虫引起的灾害。一旦发生蝗灾，大量的蝗虫会吞食禾田，使农作物完全遭到破坏，引发严重的经济损失甚至饥荒。蝗虫通常喜欢独居，危害有限。但它们有时候会改变习性，变成群居生活，最终大量聚集、集体迁飞，形成令人生畏的蝗灾，对农业造成极大损害。

小档案

名称：蝗虫。
分类：直翅目蝗亚目。
分布：植被覆盖地区。
食性：植食。
特征：细长的身子和强有力的后腿。

蝗虫的中胸和后胸上各有一对翅膀。

蝗虫的听觉器官生在腹部第一节两侧，呈半月形。

蝗虫的后腿非常发达。

会飞的跳高冠军

蝗虫虽然生有非常利于飞行的翅膀，但它们在短距离移动时更喜欢跳跃。蝗虫的后腿非常发达，弹跳距离非常远，使它们在面临天敌威胁时，能迅速逃脱。

超级害虫——中华稻蝗

中华稻蝗分布于中国、朝鲜、日本、越南、泰国等地。它们的名字里虽然有个“稻”字，却是农作物杀手，喜欢吃玉米、水稻、小麦、高粱、甘薯、白菜等作物。在干旱的年份，中华稻蝗食量特别大，是有名的杂食性农业害虫。

破坏过程

中华稻蝗通过咬食叶片，咬断茎秆和幼芽的方式破坏农作物。它们会将水稻叶片咬成残缺状态甚至完全消失，也能咬坏穗颈和乳熟的谷粒。

小档案

名称：中华稻蝗。
分类：直翅目斑腿蝗科。
分布：中国、朝鲜、日本及东南亚各国。
生活环境：热带雨林或人工饲养环境。
特征：背部有黑、白、红、银色等颜色组成的花纹，雄性头角分叉。

左右两侧有暗褐色的条纹。

全身绿色或黄绿色。

分布广泛

中华稻蝗在我国广泛分布，北起黑龙江，南至广东，尤其在南方十分常见。它一共有6条腿，2条长腿，4条短腿。头上有一对尖尖的触角，身上全是一些白色的点，这些特征使它辨识度较高。

弹跳小王子

中华稻蝗每年发生一代，“一蹦老高，一跳老远”成为它分布广泛的主要原因。它的第三对足格外修长有力，在自然光的照射下，散发着莹莹的绿光。当它休息时，这两条腿很自然地与身体平行，一旦遇上危险，便马上展开它的这两条长腿利器，弹跳力极其惊人。

大型蝗虫——棉蝗

棉蝗是一种体形较大的蝗虫。和其他蝗虫一样，棉蝗的口器非常利于切断和咀嚼植物的茎叶，并且采食范围广泛，对多种植物都有极大危害。在棉蝗繁殖数量较大的时期，它们经常会将遇到的植物全部啃食干净，所到之处，寸草不生，会对农业造成极大的损害。人们往往利用麻雀、青蛙、大寄生蝇等棉蝗天敌对其进行防治。

形态特征

棉蝗体色较为鲜艳，是黄绿色，后翅基处则是玫瑰色。在它们头顶中部、前胸及前翅还有黄色的纵条纹。棉蝗的头较大，有丝状触角。棉蝗的后足十分粗壮，擅长跳跃。

小档案

名称：棉蝗。

分类：直翅目蝗科。

分布：中国、越南、朝鲜、日本、印度尼西亚和尼泊尔等。

食性：植食。

特征：黄绿色的身子和强有力的后腿。

主要危害

棉蝗是我国南方大豆田中主要的食叶性害虫之一。若虫和成虫都会损害大豆的叶片，减少大豆的光合作用面积。一般减产可达两成，严重时甚至会将整株茎叶啃食殆尽，导致作物颗粒无收。

棉蝗的两对翅膀十分发达，基本等长。

棉蝗的后腿非常粗壮，擅长跳跃。

棉蝗有一对复眼和三只单眼。

棉蝗的口器非常适合切碎及咀嚼植物。

棉蝗的呼吸器官位于腹部。

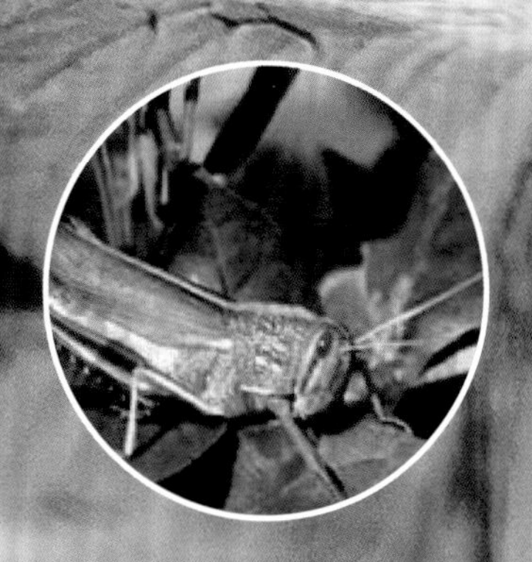

防治方法

受棉蝗危害严重的地区，可以在秋季、春季铲除田埂、地边 5 cm 厚的土及杂草，使棉蝗的卵暴露出来晒干或冻死；也可加厚土层，使孵化后的棉蝗若虫不能出土；还可以抓住棉蝗孵化早期扩散能力弱的时段，用针对性的农药进行喷杀；也可利用麻雀、青蛙、大寄生蝇等天敌对棉蝗进行生物防治；有时也可以对棉蝗进行人工捕杀。

弹跳高手——日本黄脊蝗

日本黄脊蝗是黄脊蝗中体形较大的一种，主要生活在日本，但在中国多个地方也有，人们会抓它们来熬制中药，它们主要出现在草丛中或者田地间。

小档案

名称：日本黄脊蝗。
分类：斑腿蝗科。
分布：日本和中国大部分地区。
生活环境：草丛中或者田地间。
特征：前胸背板侧片有两个明显的黄斑。

会飞的弹跳高手

日本黄脊蝗有一双弹跳力极好的双腿，能轻松一跳就得到高处的食物；而且它还长着一双飞行能力很强的翅膀，能够帮助它进行长距离移动，且在受到攻击的时候它们能快速躲避对手的攻击。

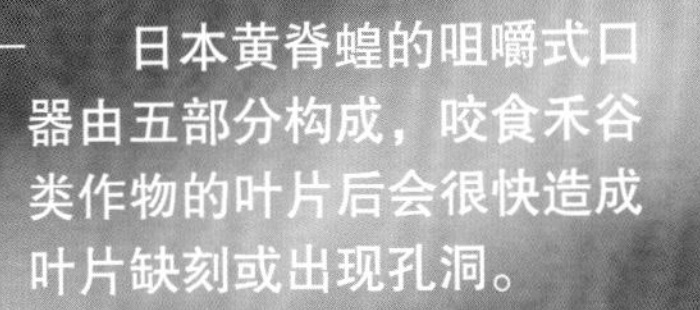

日本黄脊蝗的咀嚼式口器由五部分构成，咬食禾谷类作物的叶片后会很快造成叶片缺刻或出现孔洞。

日本黄脊蝗的后腿非常发达。

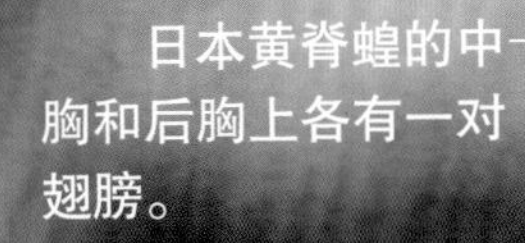

日本黄脊蝗的中胸和后胸上各有一对翅膀。

药物作用

在《中国药用动物志》中有介绍，黄脊蝗用沸水烫死后，晒干、烘干或新鲜的全体可入药，可以治疗肺热、咳喘、痰黄稠、咽肿痛等症状。

同伴背着走——短额负蝗

短额负蝗是一种通体翠绿色、头尾尖尖的锥头蝗科昆虫。它们多生活在绿色植被丛中，依靠自身保护色来躲避天敌。短额负蝗在从孵化到成虫的过程中，并没有完全变态。它们的若虫与成虫外貌很像，在第五次蜕皮之后开始羽化，成为能够飞行的成虫。

短额负蝗的后腿与腹部平行，而不是高高支起。

长长的菜单

短额负蝗作为危害植被的害虫之一，采食范围比较广泛：除了禾本科的植物之外，就连美人蕉、一串红、菊花、海棠花、木槿等花卉都在它们的“菜单”上。

小档案

名称：短额负蝗。
分类：直翅目锥头蝗科负蝗属。
分布：中国除华东以外的地区。
食性：植食。
特征：通体绿色，头部尖细。

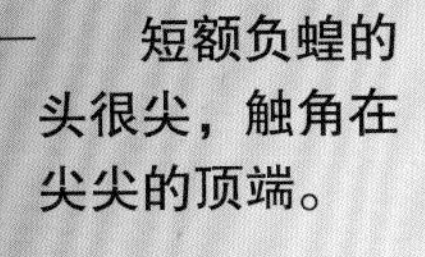

短额负蝗的头很尖，触角在尖尖的顶端。

短额负蝗的头部两侧生有黄色颗粒状小突起。

背上的同伴

短额负蝗的雌虫和雄虫外形差别很大，雄虫要比雌虫小很多。在短额负蝗的繁殖季节，体形大的雌虫就会把雄虫背在身上。这也是“负蝗”名称的来源。

不发达的翅膀

短额负蝗的翅膀较短，并不擅长飞行，因此无法进行远距离移动，活动范围比较小。这也使人类防治短额负蝗灾害方面工作相对简单。

作物害虫——横纹蓟马

横纹蓟马是体积很小的缨翅目昆虫，有着一双细长且有力的翅膀，头上有鬃毛，短而多。常生活于植物表面。因为体积小，所以是植物表面难以消灭的害虫。

翅膀细而前翅发达。

头部比较长。

身体短，棕黑色，形似蜜蜂。

名称：横纹蓟马。
分类：缨翅目蓟马科。
分布：主要分布于中国的湖北、云南、内蒙古、北京、河北、河南等地。
食性：杂食。
特征：体积小，头部长，有不同的结节状。

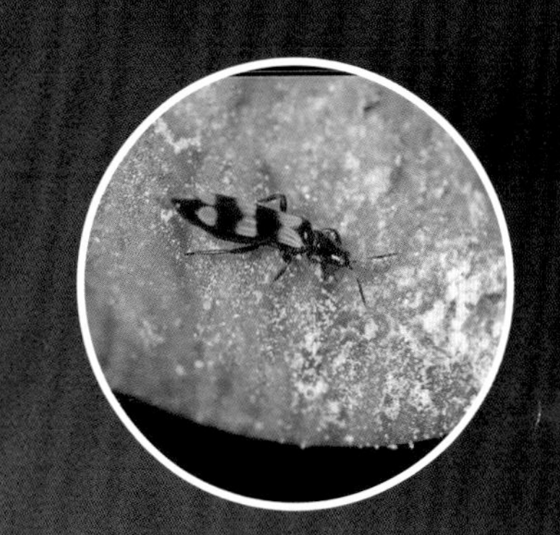

植物危害者

横纹蓟马常存在于豆科植物上，如四季豆、扁豆、豌豆等植物的叶子表面以及花内，是豆科植物上难以消灭的害虫之一。横纹蓟马也会时常对棉花作物产生危害，使大片的棉花作物受到严重影响。

以大欺小

横纹蓟马不仅经常吃一些豆科植物，而且还会吃一些比它体积更小的蚜虫及相似的蓟马科的昆虫。

雌性体小头大

雌性横纹蓟马比雄性的横纹蓟马身体稍微长些，雌性横纹蓟马体长 1.5 ~ 1.7 mm，但是头部占比大，并且没有鬃毛。身体呈环状分布，头部长、宽口相等。

甜蜜的危险——蚜虫

蚜虫，又称腻虫、蜜虫，是一类植食性昆虫。蚜虫的大小不一，身长从 1 mm 到 10 mm 不等，是地球上最具破坏性的害虫之一，对农林业和园艺业有严重危害。它们在世界范围内分布十分广泛，主要集中于温带地区。蚜虫可以进行远程迁移，主要扩散方式是随风飘荡，它也可以借助一些人类活动进行迁移。例如，人类对附着蚜虫的植物进行运输等。蚜虫的天敌有瓢虫、食蚜蝇、寄生蜂、食蚜瘿蚊、蟹蛛、草蛉以及一些昆虫病原真菌。

 奇特的繁殖

雌蚜虫生下来就可以进行无性繁殖，它们繁殖力很强，一年能繁殖多达 30 代。当 5 天的平均气温在 12℃以上时，蚜虫便开始繁殖。在气温较低的早春和晚秋，它们繁殖一代需 10 天，而在气温为 16 ~ 22℃的温暖条件下，只需 4 ~ 5 天。

小档案

名称：蚜虫。
分类：半翅目胸喙亚目。
分布：温带地区。
食性：植食。
特征：柔软的身体和奇特的分泌物。

蚜虫有一对6节的触角。

蚜虫的口器尖长。

蚜虫的身体表面有一层蜡粉。

蚜虫危害

蚜虫吸食植物汁液，会造成植物营养流失，而且它们腹部有一对腹管，用于排出可迅速硬化的防御液，成分为甘油三脂。这不仅阻碍植物生长，还会造成花、叶、芽畸形。蚜虫会危害多种经济作物，由于它们寻找寄主植物时要反复转移尝试，所以会在许多植物之间传播多种病毒，造成更大的危害。

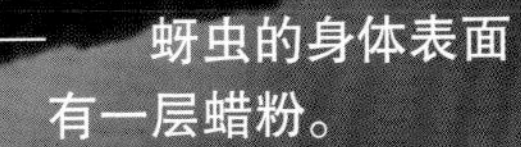

光合作用

蚜虫甚至能够吸收阳光，并以代谢为目的使用这些能量。蚜虫是动物世界中唯一可以合成类胡萝卜素的成员。这在动物界是前所未有的，但这种能力在植物界却很普遍，常见于光合作用的过程中。在蚜虫体内，这种色素能够吸收来自太阳的能量，并将其转化为参与能量生产的细胞。

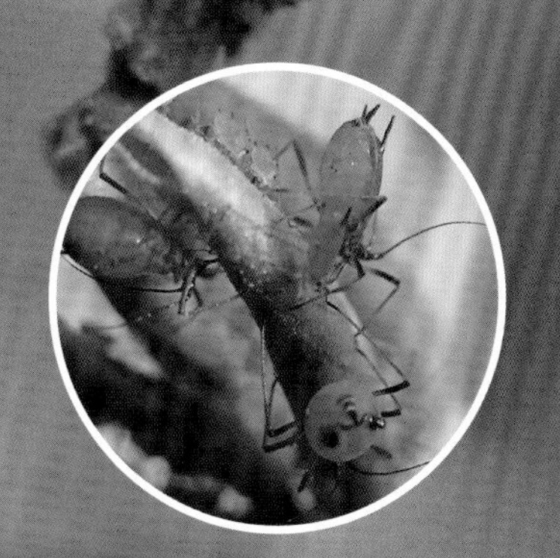

植物吸血鬼——夹竹桃蚜

夹竹桃蚜是一种专门危害夹竹桃、黄花夹竹桃的蚜虫。它们群聚在嫩叶、嫩梢上吸食汁液，经常将嫩梢全部盖满，致使叶片卷缩、生长不良，严重时会影响新梢的生长，还会对花朵造成不良影响。它们分泌的蜜露常粘在叶子表面，会阻碍夹竹桃的正常发育。

繁殖特点

夹竹桃蚜一年繁殖20余代，常在植物顶梢、嫩叶处越冬，第二年4月上、中旬开始缓慢活动。全年均可见到此虫，但尤以5～6月数量最大。夹竹桃蚜在一年内有两次危害高峰期，即5～6月和9～10月。7～8月因温度过高和各种天敌的制约，数量较少，危害较轻。

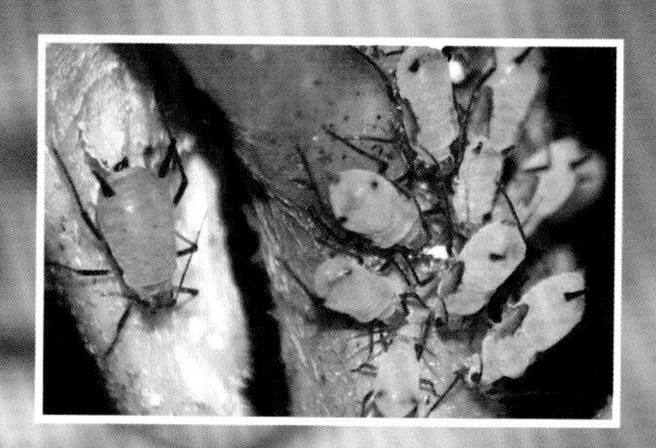

两种形态差异

夹竹桃蚜有两种形态，一种是有翅，另一种是无翅。无翅形态的夹竹桃蚜比有翅形态的体形要稍大一些，呈黄色。有翅形态的夹竹桃蚜体形较小，头部和胸部是黑色的。

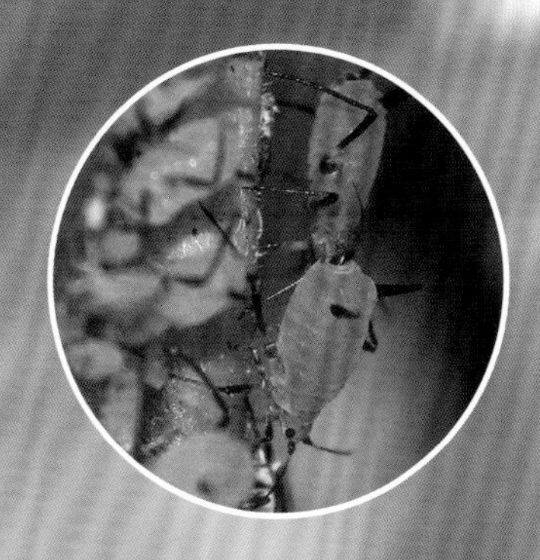

群体寄生者

夹竹桃蚜成群寄生于夹竹桃等有毒植物的茎叶间，以吸食植物汁液为生。在夹竹桃蚜的群体间，经常可以见到和它们共生的蚂蚁来取食蚜虫分泌的蜜露。瓢虫、食蚜蝇、草蛉是夹竹桃蚜的天敌。

小档案

名称：夹竹桃蚜。

分类：半翅目蚜科。

分布：中国南部。

食性：植食。

特征：黄色的卵形身体，成群栖息在夹竹桃等植物上，会分泌黏液。

夹竹桃蚜的尾片呈舌状。

夹竹桃蚜的触角上有瓦纹。

夹竹桃蚜有一对复眼。

夹竹桃蚜的腹部很大，呈透明状。

世界级害虫——烟粉虱

烟粉虱这种害虫现在是世界各国的难题，烟粉虱借助花卉及其他经济作物的苗木迅速扩散，在世界各地广泛传播。它们繁殖速度快，寄主广泛，世代重叠，现在各国研发的化学农药对其伤害性不大，而且这种害虫对各种化学农药极易产生抗体。

农作物杀手

当它们成群出现的时候，可以让农作物在短短的数小时内迅速枯萎并且死亡。

繁殖速度惊人

烟粉虱可全年繁殖，多在叶背及瓜毛丛中取食，卵散产于叶背面。若虫初孵时能活动，低龄若虫灰黄色，定居在叶背面，类似介壳虫。烟粉虱可在 30 种植物上传播 70 多种病毒。烟粉虱发育速率快，吸取食物后很快就可以变为成虫。

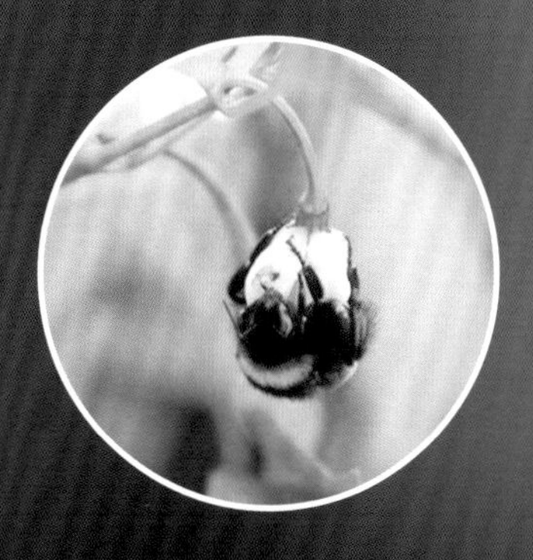

烟粉虱的克星

这种害虫有一个天敌，那就是丽蚜小蜂，现已通过实验证明丽蚜小蜂是烟粉虱的有效天敌，许多国家通过释放该蜂，并配合使用高效、低毒的杀虫剂，有效地控制烟粉虱的数量。

小档案

名称：烟粉虱。
分类：半翅目粉虱科。
分布：世界各地。
食性：植食。
生活环境：树木和农作物上。
特征：虫体淡黄白色到白色；复眼红色，单眼两个；触角发达。

烟粉虱身体呈椭圆形。

烟粉虱背部微隆起。

足和触角会随着年龄增长退化至只有一节。

微型害虫——圆跳虫

圆跳虫是一种弹尾目的六足动物，密集时形似烟灰，又称烟灰虫。圆跳虫喜欢阴暗潮湿、富含腐殖质的环境，在腐枝烂叶堆积的阴暗地方都可以发现它们的踪迹。圆跳虫形如跳蚤，也可以灵活地弹跳，没有翅膀，不能飞行，但是有弹尾可以灵活跳跃。它们的体表是油质的，所以不怕水，有积水时还可以浮在水面上。

生长发育

圆跳虫繁殖速度快，一年至少可以繁殖 4 代。它们生长繁殖周期短，当温度和湿度适宜时，每年甚至可以繁殖 6 ~ 7 代。它们的卵是白色球形，半透明，常产于食用菌培养料内或覆土层上。幼虫体形基本与成虫相似，体表是银灰色。成虫外形像跳蚤，体长 1 ~ 1.5 mm，肉眼难以看清，体色是淡灰色或灰紫色，可以快速爬行，稍遇刺激即以弹跳方式离开或假死不动。

农业防治

当园地中有圆跳虫滋生时，灌水可直接杀死部分圆跳虫，其余跳虫会从土壤中逃逸到水面上聚集成堆，可趁机喷药将其杀死。

小档案

名称：圆跳虫。
分类：弹尾目圆跳虫科。
食性：植食。
特征：细小的身子和弹尾。

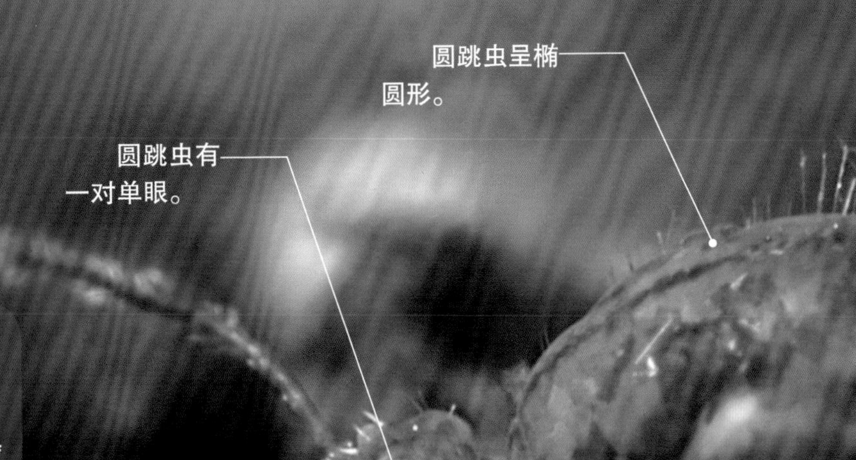

生活习性

圆跳虫喜欢潮湿的环境，腐烂物质、菌类是它们的主要食物。它们喜欢集群活动，擅长跳跃，一处植物上常有数百甚至几千只圆跳虫。圆跳虫畏光，喜欢聚集在阴暗处，一旦受惊或见光，会马上跳离躲入黑暗的角落。成虫还喜欢有水的环境，它们常浮在水面上，可在水上弹跳自如。

农业害虫——硕蝽

硕蝽属于半翅目荔蝽科。分布在中国大部分地区及越南、缅甸等地。硕蝽是一种果树害虫，寄主为板栗、白栎、苦槠、麻栎、梨树、梧桐、油桐、乌桕等。若虫、成虫刺吸新萌发的嫩芽，会造成顶梢枯死，严重影响果树的开花结果。

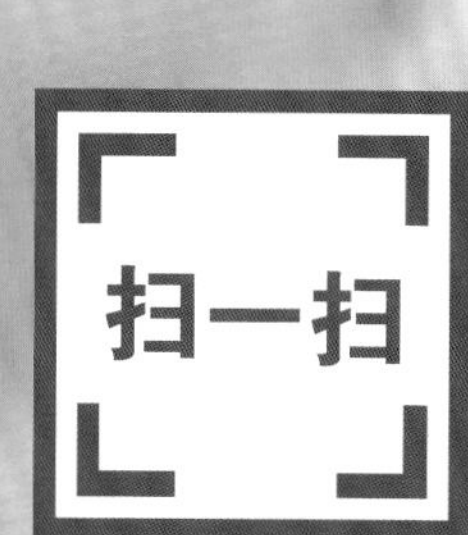

扫一扫画面，小昆虫就可以出现啦！

小档案

名称：硕蝽。
分类：半翅目荔蝽科。
分布：中国大部分地区及越南、缅甸等。
生活环境：树木上。
特征：头小，三角形。触角基部 3 节深红褐色。

触角基部 3 节深红褐色，第 4 节除基部外均为橘黄色。

腹部背面紫红色，侧缘亮绿色。

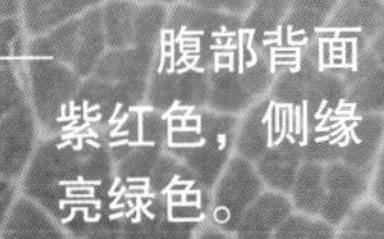

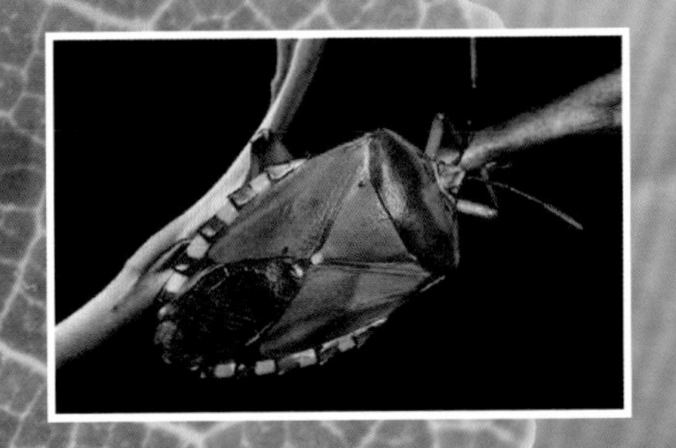

农业害虫

成虫吸食嫩梢和叶片汁液，使梢枯萎，使叶片发白。如果要根治它，冬、春季清除园内落叶及园内外其他植物近地面落叶，生长季节清除园内外杂草。

果树害虫

硕蝽是一种危害较大的果树害虫。成虫和若虫会用针状的口器刺吸新萌发的嫩芽，造成顶梢枯死，生长滞缓，影响果树的结果。

木虱王——锥蝽

锥蝽因头部狭长，像极了锥子而得名。这一物种会传播传染病，其中一些生活在家具中的锥蝽是传播美洲锥虫病的主要媒介。

锥蝽是一种昆虫，在广州俗称“木虱王”，体长 25 mm 左右，呈椭圆形，颜色黑色或者是暗褐色。它们吸食人血，喜欢寻找皮肤较薄的区域下口，比如人的面部，同时也会叮咬人的其他部位。

传播疾病

据国外媒体报道，由锥蝽引发的致命疾病正从美洲向全球逐渐蔓延。这种叫作“美洲锥虫病”的寄生虫病，因感染者在患病初期出现与患艾滋病相似的症状，且其具有多年潜伏期，所以很难被察觉到。

刺吸式口器，摄食时伸长，可直接自皮下毛细血管吸血。

喙可发出短促刺耳的声音。

锥蝽体长微小，略呈椭圆形。

小档案

名称：锥蝽。
分类：半翅目猎蝽科。
分布：美洲、中国南部地区。
生活环境：栖于人类居所附近。
特征：头狭长似锥子，专门叮咬人的面部。

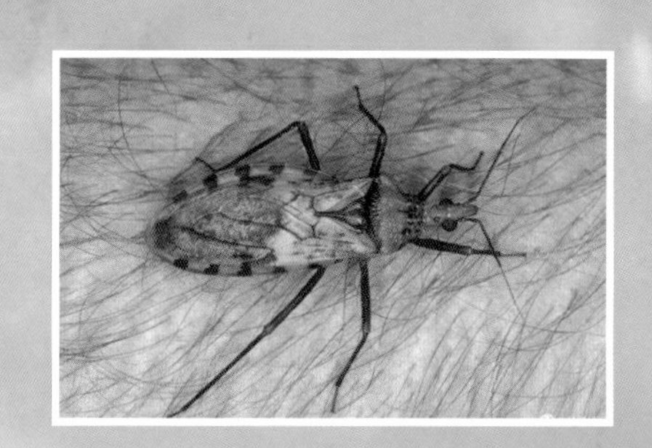

接吻虫

这听起来相当浪漫的名字来源于它们独特的吸血方式。它们专门叮咬人，皮肤较薄的区域是它们最喜欢下口的地方，如唇部、眼睑等。即使它们的体形很大，它们所咬的伤口也无疼痛感，且单次吸血量很大。

吸食体液

锥蝽常飞入居室吸吮臭虫及蝇类的体液，也可叮人引起剧痛的感觉。

巨型昆虫——疣尤扁蝽

疣尤扁蝽多生活于腐烂的倒木树皮下，常成群聚居，以细长的口针吸食腐木中的真菌菌丝。口针极长，不用时成钟表发条状卷于头中。卵多为鼓形或长卵形，产于植物表面或组织内。

扫一扫

扫一扫画面，小昆虫就可以出现啦！

遍布世界

扁蝽科遍布世界各地，已知的有 1900 余种，中国已知 120 余种。中国常见的扁蝽有中华脊扁蝽、双尾脊扁蝽、疣尤扁蝽、茯苓喙扁蝽等。

小档案

名称：疣尤扁蝽。
分类：扁蝽科。
分布：世界各地。
生活环境：栖息于腐烂树木中。
特征：身体扁平，背部有各种瘤突与褶皱。

栖息大师

当它们栖息在树皮或叶上时，这些昆虫多会模拟附近环境的颜色（棕、绿或金属色）和形状（椭圆、宽或稍微有点凸），融入其中。头和前胸构成一个尖端向前的三角形，背上的这种三角形（小盾板）区很大，形成一个盾牌状突起，遮住整个腹部。

放臭气的害虫——舟猎蝽

舟猎蝽简称蝽，人们称它为“臭板虫”，是猎蝽科的害虫。舟猎蝽多数为植食性，危害果树、森林或杂草，刺吸其茎叶或果实的汁液；少数为肉食性，捕食其他小虫；也有一部分生活在水中，捕食小鱼或水生昆虫。

小档案

名称：舟猎蝽。

分类：半翅目猎蝽科。

分布：中国福建、江苏，缅甸，印度尼西亚等地。

食性：植食。

特征：体长 7 ~ 8 mm，体色呈黄色，头前方两侧有两个向下生的锐刺。

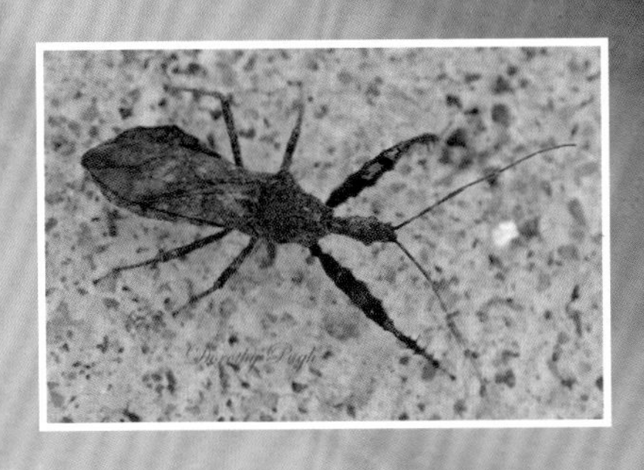

臭屁王

舟猎蝽是有名的臭气专家，它们具有臭腺，在幼虫时位于腹部背板间，成虫时则转移到后胸的前侧片上，遇危险时便分泌臭液，借此自卫逃生，这使它“臭名远扬”。

舟猎蝽危害

舟猎蝽生活于叶的背面，常在主脉的两侧，受害叶上多残留褐色排泄物，卵产在植物组织内。

舟猎蝽的触角第二节长，其长度等于第三、四节长度之和。

舟猎蝽前足较短，其腿节短于后足的腿节，前足腿节粗，其粗度是胫节的 3 倍以上，内侧具成列的小刺。

群居的高手

舟猎蝽的卵呈短圆柱形或短卵形，多产在物体的表面，排成一堆，若虫孵化后常聚在一起，所以舟猎蝽的幼虫多而群居。

蝽科害虫——瓜褐蝽

瓜褐蝽，为蝽科害虫，常几只或几十只集中在瓜藤基部、卷须、腋芽和叶柄上为害，初龄若虫喜欢在蔓裂处取食。

小档案

名称：瓜褐蝽。
分类：半翅目蝽科。
分布：主要分布在淮河以南地区。
食性：喜食植物根蔓。
特征：体长 16.5 ~ 19 mm，长卵形，紫黑或黑褐色，稍有铜色光泽，密布刻点。

产卵专业户

6 月中旬至 8 月上旬产卵，卵产于瓜叶背面，每个雌虫产卵 50 ~ 100 粒。6 月底到 8 月中旬幼虫孵化，每次产卵数量巨大，繁殖速度快。

假死保命

瓜褐蝽和菜蝽的共同特征都是具有假死技能，当发生危险或者遇到天敌的时候，会遇惊坠地，以此达到保护自己的目的。

瓜褐蝽危害

瓜褐蝽的若虫喜欢在蔓裂处取食；成虫常集中在瓜藤基部、卷须、腋芽和叶柄上吸食汁液，造成瓜藤枯黄、凋萎，对植株生长发育影响很大。

十字花科害虫——菜蝽

菜蝽，半翅目蝽科害虫。呈椭圆形，体长6～9 mm，体色橙黄或橙红，有黑色斑纹。

菜蝽的成虫和若虫均以刺吸式口器吸食植物的汁液，它们的唾液对植物组织有破坏作用，被刺处留下黄白色或微黑色斑点。幼苗子叶期受害严重时，随即萎蔫干枯死亡；受害轻时，植株矮小。在开花期受害时，花蕾萎蔫脱落，不能结荚或结荚不饱满，使菜籽减产。

繁殖的冠军

每只雌虫一生最多可产卵 200 粒。雌虫产卵于叶背，卵单层成块，排列整齐。

菜蝽前胸背板上有 6 个大黑斑，前排 2 个后排 4 个。

小档案

名称：菜蝽。
分类：半翅目蝽科。
分布：中国。
食性：植食。
特征：椭圆形的身子，体长 6 ~ 9 mm，颜色红黑相间。

假死的高手

菜蝽的成虫具有假死技能，受惊后缩足坠地，以此来诱骗自己的天敌，保护自己。有时候也会振翅飞离，以此来躲避可能出现的危险。

菜蝽有小盾片，呈 Y 字形。

猎蝽科害虫——蜂猎蝽若虫

蜂猎蝽属于猎蝽科害虫。分布于世界各地，以热带及亚热带为最多。其形态特征分化显著，亚科间的关系相当复杂，猎蝽科先后共出现 32 个亚科，为异翅亚目各科之冠。

动物界的吸血鬼

蜂猎蝽若虫爬行较迟缓，会分泌黏液，用于捕猎或巧妙地伪装，将猎物的尸体粘在背上而遮掩其原来面目。蜂猎蝽若虫栖居于哺乳动物巢穴和人的居室附近，吸血为食。

扫一扫画面，小昆虫就可以出现啦！

蜂猎蝽若虫危害

蜂猎蝽若虫为捕食性，可以捕食各种昆虫及其他节肢动物，对于某些农业、林业害虫的发生起一定的抑制作用。

蜂猎蝽若虫前翅仅分为革爪，爪片与膜片，无缘片和楔片。

蜂猎蝽若虫头部尖、长，在眼后细缩如颈状。

腹部中段通常膨大，腹部侧接缘发达。

小档案

名称：蜂猎蝽若虫。

分类：半翅目猎蝽科。

分布：世界各地。

食性：植食。

特征：体长 15 ~ 20 mm，身体上密布黏性毛。

栖息环境多样

蜂猎蝽的栖息场所多样，或栖息活动于植物上，或潜伏于树皮、石块下，或在地表爬行，或生活在蛛网附近，取食蛛网上被蜘蛛吃剩的昆虫尸体。

蛀干害虫——桑天牛

桑天牛是一种喜欢啃食树干的害虫，它们也啃食果树嫩枝，并且会把自己的卵产在果树中，这样等卵孵化后生出的幼虫又可以继续吃果树的嫩枝。对植物危害较轻时，会影响植物的生长，造成营养不良，严重的时候会导致植物死亡。

桑天牛的鞘翅基部长了很多颗粒状的小黑点。

桑天牛头顶隆起。上颚为黑褐色，强大且锐利。

桑天牛前胸近方形。

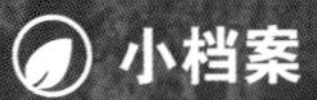

强大的繁殖者

等生殖器发育完成后，桑天牛就开始产卵。桑天牛一般需要 2 ~ 3 年完成一代的繁殖，桑天牛会把幼虫生在树木的幼枝里过冬，等到幼虫长大后在根茎处的树干内化蛹，长为成虫后就开始吃嫩枝皮层。

小档案

名称：桑天牛。
分类：鞘翅目天牛科。
分布：中国、日本、朝鲜等地。
食性：植食。
特征：头顶隆起，触角比身体要长一些，足是黑色的，上面长了很多灰白色的短毛。

狡猾的伪装者

桑天牛具有假死能力。当它感受到外界的刺激或者震动的时候。它就会静止不动或者从停留处跌落下去装死。等过一会儿，它又恢复正常，然后离开。这样它就可以很好地保护自己。

丑角甲虫——长臂天牛

长臂天牛是原产于美洲地区的大型甲虫，身上有黑色与淡红色相间的精细图纹，翅翼表面有黄绿色的斑纹。该类甲虫的英文俗称丑角甲虫，是由这种甲虫特殊的花纹外表而来。

扫一扫

扫一扫画面，小昆虫就可以出现啦！

迫害植物

长臂天牛是钻蛀性害虫，林、果、桑、茶、棉、麻、木器等均可受其危害。它们的活动时间主要在白天，但也会被夜间的光源所吸引。雌天牛喜欢在带有真菌的树干或木头上产卵，因为真菌提供了绝佳的伪装。

小档案

名称：长臂天牛。
分类：鞘翅目天牛科。
分布：北美洲的墨西哥和南美洲。
生活环境：树木中。
特征：体形不一，色彩鲜艳。

跳跃能手

此类前肢通常比整个躯干还长，其超长前肢除了可以吸引异性外，还可帮助它们在树枝间穿梭，此类天牛会飞也会爬。尽管体表颜色看上去醒目抢眼，长臂天牛总能在长满地衣和真菌的林木（如无花果树）树干上找到合适的藏身之处。

超长前肢可以吸引异性。

会飞的伐木工——天牛

天牛是天牛科昆虫的统称。这类昆虫全部被认为是害虫，因为它们酷爱啃食树木，甚至也会在木制建筑物上钻洞，非常讨厌。天牛科的昆虫都非常擅长飞行，同时身体庞大、力气也很大，因此得名“在天上飞的力大如牛的昆虫”——天牛。

最大天敌

天牛科昆虫最大的天敌是管氏肿腿蜂。这种蜂会捕捉天牛科的幼虫，注射毒液将它们麻痹之后拖到隐蔽的地方，在它们的身上产卵。被寄生的天牛只能一动不动地被肿腿蜂幼虫吃掉。

“锯树郎”

天牛科的昆虫在受惊的时候会发出“吱嘎吱嘎”的声响，以此来恐吓天敌，得到逃命机会。因为这种声音听起来很像在锯木头，因此被一些地方的人称为“锯树郎”。

小档案

名称：天牛。
分类：鞘翅目天牛科。
分布：世界各地。
生活环境：树木中。
特征：体形呈长圆筒形，背部略扁；触角长在额头的突起上。

天牛的触角能够自由转动，甚至可以贴到背上。

天牛的头经常隐藏在前胸背板下面。

天牛飞行的时候鞘翅只会张开不动。

钻树洞专家

天牛会将卵藏在树皮中，等幼虫孵化后，会一直啃食树木并躲藏到树干深处去化蛹。幼虫在树木里生活一年后，才会按照蛹道原路返回，羽化飞出。

昆虫界大长腿——步行虫

步行虫是步甲科昆虫的统称。这类昆虫以腿长而闻名，因为大部分步行虫日常生活在地面或者树上，所以它们的翅膀已经完全退化。步行虫是典型的食肉昆虫，全科近 3 万种之中只有极少数爱吃草，绝大部分都是以毛虫和其他昆虫的幼虫为食。在北美洲，农林从业者还会专门引进步行虫来防治毛虫灾害。

提琴虫

有一种步行虫又叫提琴虫，它的头部和胸部细长，而鞘翅的形状又很特殊，看起来就像一把小提琴一样，因此得到了“提琴虫”这个名字。

步行虫的作战优势

步行虫的特点是腿长，它受到威胁的时候，便靠着大长腿快速逃跑。许多种步行虫还能分泌出一种发臭的液体，让敌人不得不被迫放弃攻击。

步行虫的鞘翅通常会凸起来，有条状或点状突起。

步行虫的足细长，非常擅长行走和挖掘。

小档案

名称：步行虫。
分类：鞘翅目步甲科。
分布：世界各地。
生活环境：潮湿阴凉的地方。
特征：能够分泌臭液。

投弹手

有一种步行虫的肛门附近有一个用来储存毒液的小囊，受惊的时候就将毒液喷向敌人。而它们的毒液在接触空气后会变成臭气，伴随着响亮的爆破声，就像是扔出去了一颗“手榴弹”一样，所以得到昆虫中的“投弹手”这一称号。

豆类劲敌——绿豆象

绿豆象，又叫中国豆象、小豆象、豆牛。在世界分布广泛，我国各地均有分布。绿豆象能危害多种豆类，最喜食绿豆，也取食赤豆、豇豆、蚕豆、豌豆。除豆类外，也能危害莲子。绿豆象繁殖迅速，一年可以繁殖 5 代，条件适宜时甚至能繁殖 11 代，完成一代需 30 多天。

生存条件

绿豆象的生长和存活受温度和湿度影响较大，温度 31℃、相对湿度 68% ~ 79% 时，发育最快，温度在低于 10℃或高于 37℃时发育停止，在 14℃以下，相对湿度 72% ~ 100% 时，成虫寿命最长。

生活习性

成虫可在成熟的豆粒上或田间豆荚上产卵，每只可产卵 70 ~ 80 粒。各虫期均可在豆粒中越冬，而虫蛹会在第二年春天羽化。在温暖地区，绿豆象一年中可连续繁殖，比如在中国南方甚至可达 9 代。成虫擅飞翔，并有假死习性。

绿豆象的头上密布刻点。

绿豆象有一对复眼。

绿豆象的前胸背板后端宽，两侧向前部倾斜。

绿豆象的鞘翅上有灰白色毛。

小档案

名称：绿豆象。
分类：鞘翅目豆象科。
分布：世界各地。
生活环境：温暖潮湿环境。
特征：卵圆形深褐色的身体，体表有灰白色毛与黄褐色毛。

简易防治方法

防治方法可分为高温杀虫和低温杀虫。炎热夏日，地面温度不低于 45℃时，将新绿豆摊在水泥地面暴晒，使其均匀受热 3 小时以上，即可杀死幼虫。

竹笋天敌——大竹象

大竹象是一种主要危害竹笋的害虫，在我国南部地区广泛分布。大竹象的幼虫会在竹笋的蛀道中向上爬行，爬至竹笋顶梢咬断笋梢，幼虫连同断笋一起落地。然后它们会带着笋筒在地面爬行，找到合适的地点钻入土中化蛹。而大竹象成虫则会飞上竹笋啄食笋肉，它们对青皮竹、撑蒿竹、水竹、绿竹、崖州竹等许多种丛生竹都有极大的危害。

色彩鲜艳

大竹象刚刚羽化时的体色是鲜黄色的，出土后会变化为橙黄色、黄褐色或者黑褐色，在前胸背板后部中间还有一个呈不规则形状的黑色斑点。它们前足的腿节和胫节与中、后足的腿节和胫节一样长，前足胫节内侧有稀疏的棕色短毛。

小档案

名称：大竹象。
分类：鞘翅目象甲科。
分布：中国浙江、福建、台湾、江西、湖南、广东、广西、四川、贵州等地。
生活环境：热带和亚热带地区。
特征：三对足等长。

大竹象的眼睛很小，位于头部两侧。

大竹象的翅膀十分有力，利于飞行。

大竹象的三对足等长，上有棕色短毛。

短途飞行的日间行者

大竹象成虫一般在早上开始活跃，上午和下午是它们最活跃的时间，中午、夜晚和雨天一般落在竹叶背面和地面的隐蔽处。大竹象成虫飞行能力强，但在竹林中只进行短距离的飞行，飞行时会发出嗡嗡声。

大竹象的危害

大竹象的成虫和幼虫都蛀食竹笋，会造成竹笋腐烂。还会取食高 1.5 m 左右的嫩竹，造成竹子生长不良，导致竹子节间变细。受损害的竹梢折断时，还会造成竹子顶端杈子增多，使竹材变干脆，容易被风吹断。

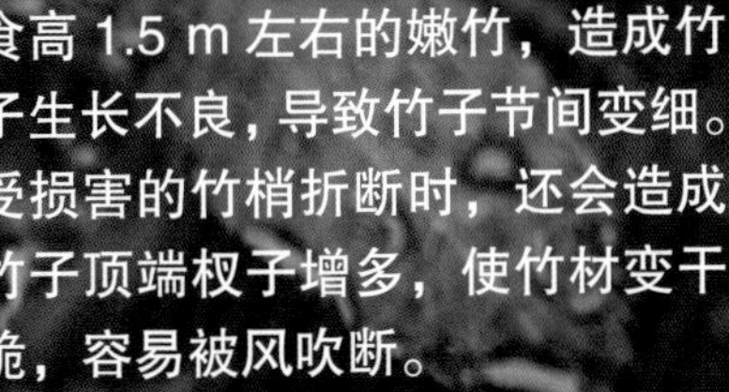

跳高专家——人蚤

人蚤，是蚤科昆虫中和人类关系最密切的一种昆虫，也是对人类生活危害较大的害虫之一。人蚤寄生在动物体表，以动物血液为食。因为会接触血液，人蚤也是许多传染病的传播者。曾经人蚤的分布极其广泛，在全世界的人类居住区都有它们的身影。但是在人类持续的防治工作下，人蚤开始从一些地区消失。现如今，我国已经有不少地区成功将人蚤清除干净。

跳高专家

人蚤的跳跃能力非常强。虽然人蚤只有 3 mm 大小，但它们强有力的后腿能够帮助它们跳起身体长度 60 倍左右的高度。依靠这样发达的弹跳力，跳到人类身上完全不在话下。

小档案

名称：人蚤。

分类：蚤目蚤科。

分布：除寒带外的世界各地。

生活环境：寄生在动物体表。

特征：非常细小，弹跳力超强。

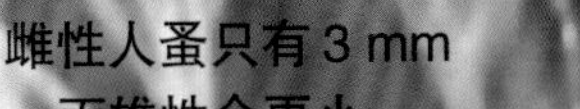

雌性人蚤只有 3 mm 大小，而雄性会更小。

部分人蚤的触角窝前长有一对单眼，但多数人蚤没有眼睛。

寄生者

人蚤依靠寄生在动物体表生活。虽然以“人”命名，但人蚤并不仅仅寄生在人类身上，犬科、猫科、牛科、羊科等动物都可能被人蚤寄生。

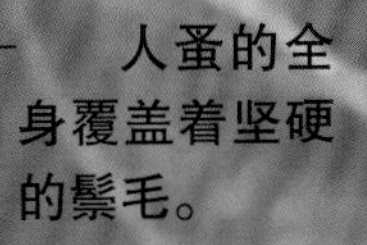

人蚤的全身覆盖着坚硬的鬃毛。

漫长等待

人蚤在蛹内能够存活很久，这让它们可以避免无用孵化。当人蚤感受到空气出现震动，即宿主即将出现的时候，它们就会立刻破蛹而出，攻击宿主。

小小吸血鬼——蚊子

蚊子是一种生活中非常常见的昆虫，每当夜晚入睡前就会在人耳边嗡嗡飞个不停，非常烦人，是令人讨厌的四害之一。生活在人类身边的雌蚊会叮咬人类，吸食血液，被蚊子叮咬之后的皮肤会出现令人奇痒难耐的肿包。可蚊子的害处不仅于此。由于蚊子并不只叮咬人类，它们还会叮咬各种动物，因此会携带许多病菌和病原体，会造成多种疾病的传播，危害人类健康。

雌雄口味不同

只有雌性蚊子才会吸血，这是因为雌蚊需要血液来让自己发育成熟并繁衍后代。而雄性蚊子并不喜爱血液，它们更偏爱花蜜和植物汁液等“素食”。

水中的童年

蚊子的幼虫叫孑孓（jié jué），是一种生活在水中的昆虫。孑孓依靠吃水中的微生物存活，十几天就能化成蛹，成蛹后再过两天，就会羽化为蚊子成虫。

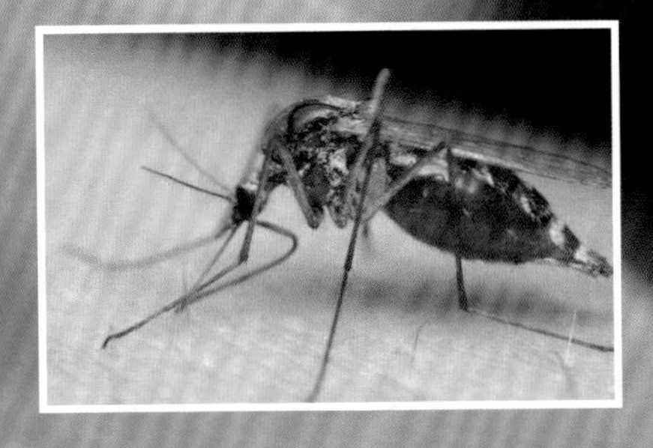

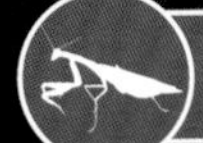

吸血必备品

蚊子之所以能够从血管中吸取血液，是因为它们的唾液。蚊子的唾液中含有许多能够阻止血液凝固的酶，这些酶保证了蚊子在进食过程中不会被凝固的血液堵住口器。

小档案

名称：蚊子。
分类：双翅目蚊科。
分布：世界各地。
特征：飞的时候发出嗡嗡的声音。

蚊子的头部是半球形的。

蚊子的口器是刺吸式，像注射器的针头。蚊子其实拥有22颗牙齿。

蚊子只有一对翅膀用来飞翔，而另一对则退化成平衡杆。

垃圾堆居住者——家蝇

家蝇是一种与人类密切相关的害虫。只要有人类生活的地方，无论是山地还是平原，几乎都会有家蝇的身影。家蝇依赖着人类住房内部的温暖环境，以人类的食物残渣及垃圾为食。虽然家蝇是人见人厌的害虫，却在农牧业、工业甚至医药业都有非常大的贡献。

小档案

名称：家蝇。
分类：双翅目蝇科。
分布：世界各地。
生活环境：温暖、食物丰富的地方。
特征：眼睛呈暗红色。

害虫也能做好事

家蝇幼虫最爱的食物是粪便。利用它们的这个特点，将禽畜和蝇蛆同步饲养，就能在无害处理掉粪便的同时获得优质肥料，而且蝇蛆还是非常好的蛋白饲料，可谓一举多得。

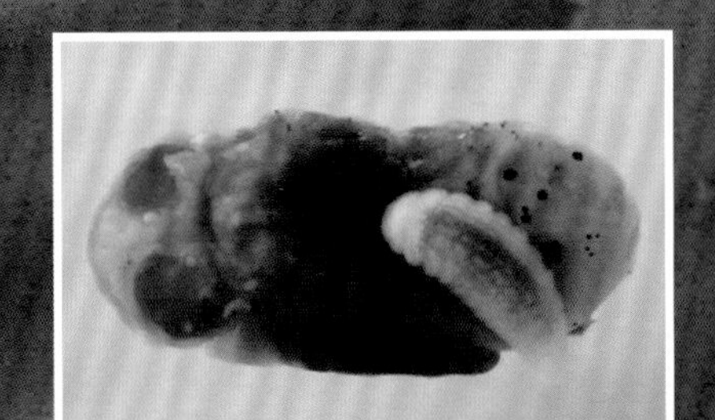

神奇蛋白

家蝇的一生都生活在无数种病菌之中，但它们却从不会染病。科学家在家蝇的体内找到了一种能够杀死各种病菌的“抗菌活性蛋白”，解开了这个谜团。

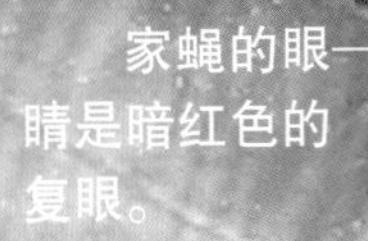

家蝇的眼睛是暗红色的复眼。

雌性家蝇的额宽与眼宽相等，而雄性额宽更窄。这是分辨家蝇雌雄的最有效的方式。

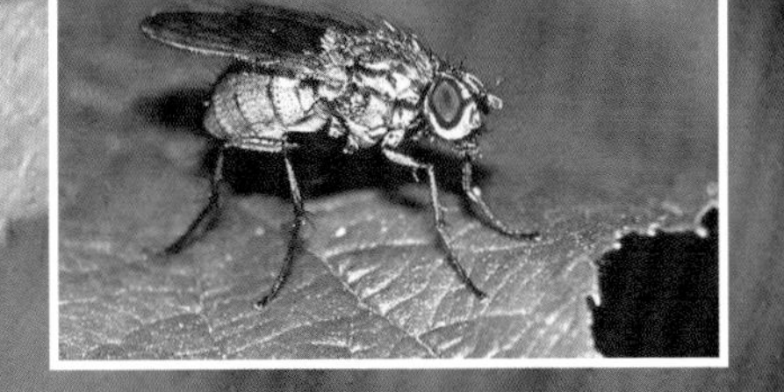

有人就有我

家蝇的分布范围超乎你的想象。按理来说，它们不擅长抵御寒冷，也就不应当出现在寒带或高山等气温很低的地方，但是这些地方只要有人类居住，家蝇就会在人类温暖的房间里开始迅速繁殖。

弹跳高手——绿豆蝇

绿豆蝇，学名丝光绿蝇，比普通的苍蝇略大一些，是生活中常见的害虫之一。它们会成群结队地聚集在腥臭的腐肉附近，是非常喜欢肮脏环境的昆虫。绿豆蝇不仅喜欢吃腐烂食物和粪便，还会一边吃一边排泄，绿豆蝇具有舐（shì）吸式口器，会污染食物，传播痢疾等疾病。

超强的繁殖能力

雌绿豆蝇喜欢在腐败的动物尸体等处产卵，幼虫以腐蚀组织为食。绿豆蝇具有一次交配可终身产卵的生理特点，一只雌蝇一生可产卵 5 ~ 6 次，每次产卵数 100 ~ 150 粒，最多可达 300 粒。一年内可繁殖 10 ~ 12 代。

小档案

名称：绿豆蝇。
分类：双翅目丽蝇科。
分布：中国、朝鲜、日本、俄罗斯、非洲界、东洋界等。
生活环境：腐肉附近。
特征：躯体泛出光亮的金属色泽，分为蓝绿色和金色，并伴有黑色的斑纹。

绿豆蝇身长 5 ~ 10 mm，是蝇科里面体形较大的。

绿豆蝇的前翅是膜翅，用来飞；而后翅则退化成平衡杆。

绿豆蝇足部的勾爪、爪垫和刚毛能够帮助它们在任何物体上行走。

超强视力

它们的视力很好，因为它们的复眼能够 360° 旋转，从而感知周围的环境。同时，它们的体毛也能察觉到空气流动的变化，所以在我们举起苍蝇拍的时候，它们就已经确定最佳逃跑路线了。

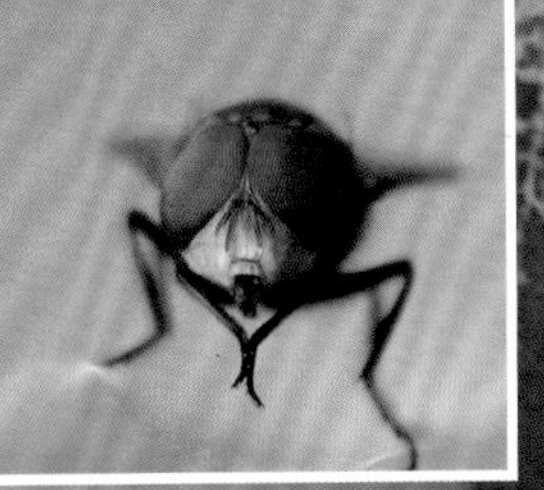

活蝇蛆的用途

绿豆蝇蝇蛆还应用在医疗领域，活蝇蛆可接种于伤口之中，起杀菌清创、促进愈合的作用。

不起眼的大家族——果蝇

果蝇是一种体形极小的昆虫，成虫身体只有 3 ~ 4 mm，比芝麻大不了多少。因为体形太小，所以对果蝇科昆虫的鉴定也比较困难。虽然果蝇很不起眼，但在全球范围内，已发现的果蝇科昆虫已经超过 1000 种，是一个非常庞大的家族。果蝇喜欢在植物果实上产卵，也正因为如此，才给人一种“烂水果会生果蝇”的印象。

吃水果的小蝇

果蝇主要以酵母菌为食，因此喜欢聚集在腐烂的水果周围，也有一些生活在菌类或肉质类花卉当中。

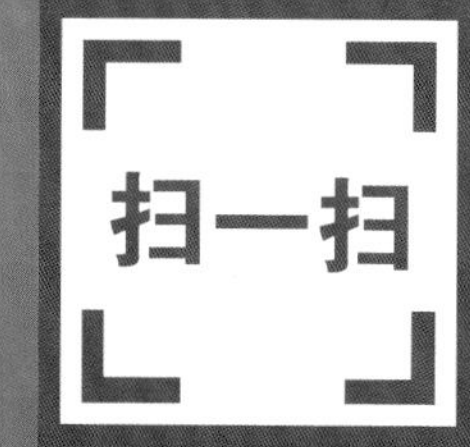

扫一扫画面，小昆虫就可以出现啦！

小档案

名称：果蝇。
分类：双翅目果蝇科。
分布：温带及热带气候区。
生活环境：有酵母菌滋生的环境。
特征：体形极小。

若触角基因出现问题，就会出现腿状的触角。

果蝇的眼睛是极大的红色复眼，但如果基因出现缺陷，就会变成白色或是橙色。

若第二个染色体出现问题，就会出现短翅果蝇或是卷翅果蝇。

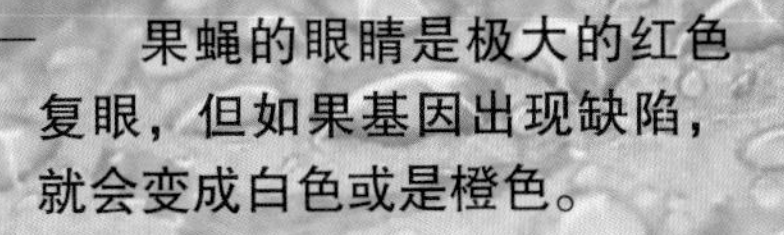

敏感的果蝇

果蝇对家居装修材料产生的有毒气体（例如甲醛）非常敏感，会因这些室内空气污染物而出现异常反应。

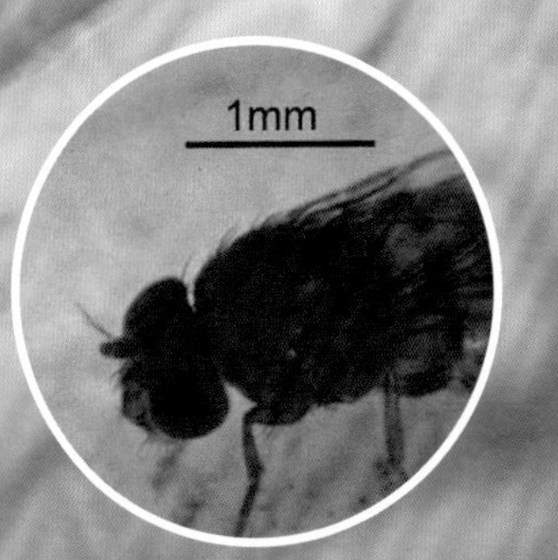

小身体，大贡献

果蝇的体内只有四对形状差别很大的染色体，但这四对染色体会出现多种显性变异，这些变异对遗传学的研究起到了很大的作用。

顽强的生存者——蟑螂

蟑螂是一种日常生活中极为常见的害虫，它们通常成群结队地行动，非常擅长钻缝和攀爬，在人类房屋中几乎无孔不入。蟑螂是一种非常典型的杂食昆虫，酷爱甜食和富含油脂的食物，又喜欢居住在温暖潮湿的环境中，因此厨房是它们最理想的生活地点。

超强危害力

蟑螂是令人非常讨厌的害虫，它们不仅经常弄坏电器设备，还会携带许多种致病细菌、真菌。它们还是许多寄生虫的中间宿主，对人类健康的威胁非常大。

超强生存力

根据科学家猜测，哪怕有一天地球上发生了核灾害，全部生物都死亡了，蟑螂也会继续生活！因为蟑螂对核辐射的接受程度是人类的 2 万 ~ 20 万倍！

小档案

名称：蟑螂。

分类：蜚蠊目蜚蠊科。

分布：热带、亚热带及温带地区。

生活环境：温暖潮湿的室内。

特征：身体扁平。

蟑螂的复眼非常发达。

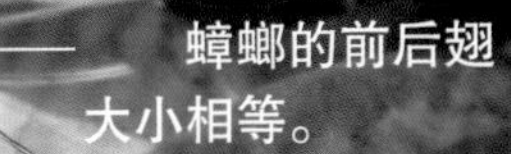

蟑螂的前后翅大小相等。

蟑螂的前翅是革质的。

雄性蟑螂尾端有两对尾须和一对腹刺，但雌性只有尾须。

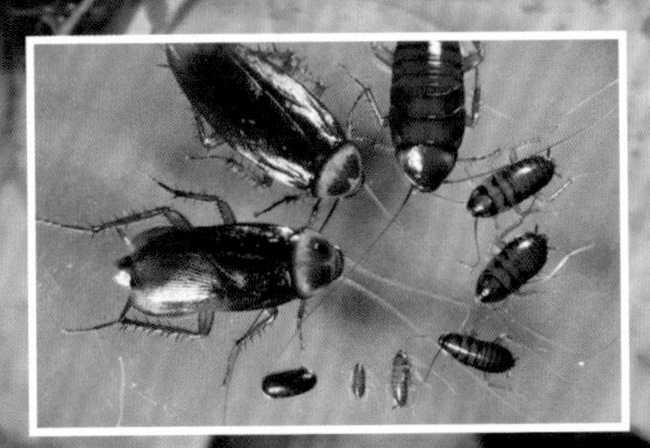

超强繁殖力

一只雌性蟑螂每隔一个星期就能产出一个卵鞘，里面能够孵化出几百只小蟑螂。而一只雌性蟑螂一生能产下几十个这样的卵鞘！正如俗话所说，“看到家里出现一只蟑螂，家里就会藏着几百只”。

家庭害虫——衣鱼

衣鱼虫，又名白鱼、壁鱼，是家庭害虫。这类昆虫大多数是室内干储物的蠹（dù）虫，常出没于衣柜，蛀食衣物，故名衣鱼。其实，衣鱼更是遍布世界的图书蠹虫，它们啮纸蛀书，是各地图书馆里普遍存在的最主要的害虫。

衣鱼触角为长丝状。

衣物破坏者

衣鱼接触到皮肤就很容易引起皮肤过敏症，还会破坏家居环境。它们不吃化纤衣服，只危害有“味道”的衣物和被褥，还会啃食书籍，危害很大。这种虫子的生命力很强，一般杀虫剂对它们没有效果。

行动敏捷的代表

头部有细长的丝状触角；多数有明显的小型复眼；腹部有三对能疾走、跳跃的足，因此，能够使它的行动敏捷，更加迅速。

小档案

名称：衣鱼。
分类：缨尾目衣鱼科。
分布：世界各地。
生活环境：黑暗、潮湿、温暖的地方。
特征：体狭长，腹部有11节。

衣鱼第11节有一对尾须，长而多节。

衣鱼腹部第7至第9腹节有成对刺突和泡囊。

耐旱的“旱鸭子”

衣鱼主要蛀食纸张和图书的浆糊干渍、装订棉线等。它们不直接饮水，也无处饮水，而是把这些含水率极低的纸书当作食物，同时视为唯一的水分来源，可见衣鱼的耐旱性非常好。

贪婪的吸血鬼——臭虫

臭虫，又称床虱、壁虱，是一种适应能力极强的昆虫，广泛分布在全世界。臭虫有一对能够分泌臭液的腺体，它们爬过的地方会留下难闻的臭味，这也是它们名字的由来。臭虫的行动非常迅速，能够很快地更换隐蔽位置，通过隐藏在衣物和行李之中，将活动范围扩大。不过好在会吸食人类血液的臭虫种类很少，更多的臭虫寄居在蝙蝠和鸟类的窝巢之中。

臭虫的翅已经完全退化。

臭虫没有单眼。

臭虫的身体很扁，但在吸饱血液后，肚子会膨胀得很大。

臭虫的喙有三节。

扫一扫画面，小昆虫就可以出现啦！

贪婪的吸血鬼

臭虫依靠动物血液为食。在吸血的时候，它们会分泌一种唾液来阻止血液凝固。臭虫非常贪婪，每次都要吸超过体重 1 ~ 2 倍的血液才会满足。吸饱血的臭虫会从扁扁的样子变得圆鼓鼓。

不怕饿的昆虫

臭虫非常耐饿。在温度比较低、空气又很湿润的情况下，一只成年臭虫能够忍耐半年甚至一年的饥饿，而若虫也能忍耐两个多月。

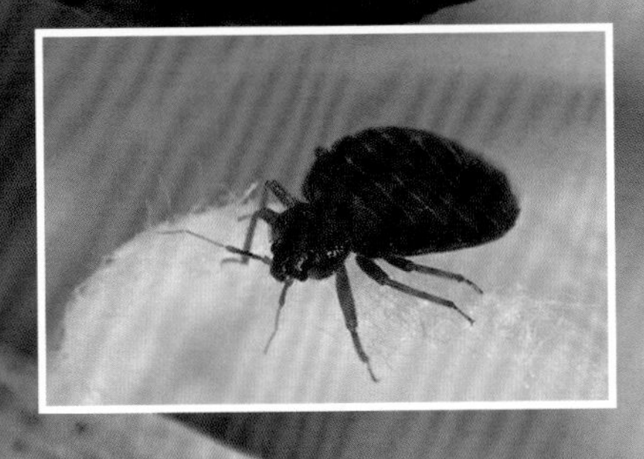

灵活机警

臭虫的警惕性很强，它们几乎不寄生在动物体表，而是只有需要吸血的时候才会靠近动物。如果在吸食过程中动物稍有移动，它们就会马上逃走藏起来。

小档案

名称：臭虫。
分类：半翅目臭虫科。
分布：世界各地。
食性：吸血。
特征：体形大小可变化。

罕见的斑蝶——白壁紫斑蝶

白壁紫斑蝶属于昆虫纲鳞翅目斑蝶科昆虫，为国内较为罕见的斑蝶，目前，国内仅分布于台湾和云南南部。国外分布于中南半岛至印度尼西亚以及北美洲等地。

灿若星河

白壁紫斑蝶寓意是灿若星河，它的外表非常漂亮，身体基本颜色为深紫色，有白斑点缀，就像宇宙星河一样灿烂夺目。

小档案

名称：白壁紫斑蝶。
分类：鳞翅目斑蝶科。
分布：云南南部。
生活环境：树林中。
特征：背部有黑、白、蓝等颜色组成的花纹。

身体黑白蓝的色彩相接。

北迁的现象

全世界仅发现2处白壁紫斑蝶北迁的现象，一处是墨西哥的白壁紫斑蝶飞往美国；另一处就是中国台湾南部的紫斑蝶迁往北部。

枯叶扮演专家——枯叶蛱蝶

枯叶蛱蝶是一种大型蝶，一般生活在气候湿润的雨林之中，以腐烂水果及树木汁液为食，是非常典型的腐食性蝴蝶。枯叶蛱蝶的翅膀折起来后，看起来和枯萎的树叶一模一样。

模仿枯叶

枯叶蛱蝶的翅膀很特殊，前后翅叠在一起之后，看起来就像是一片枯萎的树叶，就连叶脉和叶梗都模仿得有模有样。

小档案

名称：枯叶蛱蝶。
分类：鳞翅目蛱蝶科。
分布：亚洲南部。
生活环境：环境湿润的树林里。
食性：腐食。
特征：翅膀长得像枯叶。

枯叶蛱蝶的翅膀腹面有模拟枯叶脉络的花纹。

枯叶蛱蝶的触角结构雌雄相同，但雌性的触角比雄性更长。

用途不同的翅膀

枯叶蛱蝶翅膀的正反面差距很大。翅膀腹面像枯叶，平日里落在树干或是落叶堆中时，能够完全隐藏自己，避免被天敌发现。而当需要寻找同类的时候，它们就会短暂地在空中飞舞，用绚丽的翅膀背面来吸引同伴的注意。

独特的逃生技巧

枯叶蛱蝶在被天敌追捕的时候，会突然以毫无规律的方式胡乱飞行，迷惑住天敌之后，再突然降落到植物叶子里，合上翅膀假装成一片枯叶。

怪又丑——异孔盾形提灯虫

异孔盾形提灯虫是一种比较稀少、罕见的虫，长相十分奇特，头部有坚硬的外壳，外壳呈墨绿色与黑色交替，有白色斑点，呈扇子折痕状，腿部与蜘蛛腿相似。

头部形状怪异，形似一颗花生。

身体有硬壳及白色斑点。

以吸取树木汁液为食。

能够放出巨臭的味道。

扫一扫

扫一扫画面，小昆虫就可以出现啦！

树木潜在危害者

异孔盾形提灯虫主要以树木的汁液为食，汲取树木的营养，影响树木生长，是树木潜在的危害者。

小档案

名称：异孔盾形提灯虫。

分类：等辐骨虫纲等辐骨虫目穿盾虫科。

分布：主要分布于俾斯麦群岛、苏门答腊、那波利湾与第勒尼安海等地区。

食性：植食。

特征：长相怪异丑陋，头部呈花生形状。

长相怪异

异孔盾形提灯虫有着十分怪异的外表，其头部形似花生，这样足以吓跑一部分昆虫，来保护自己。其外壳可以展开呈扇子状，上面分布着各种白点状花纹，翅膀有圆斑。

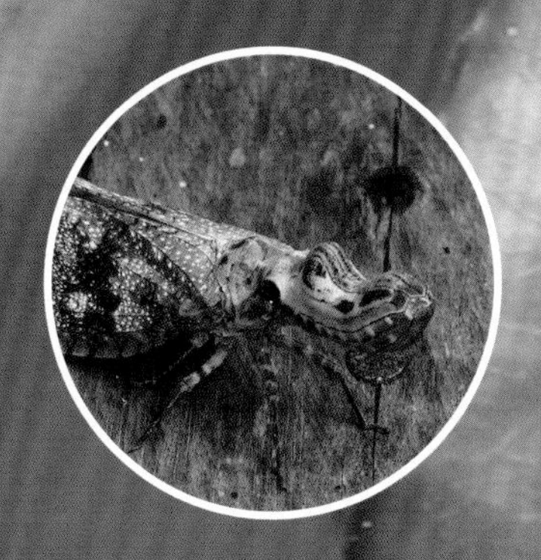

臭气释放者

异孔盾形提灯虫除了有坚硬的外壳以外，另一大绝招就是放出令人难以忍受的臭味。当遇到强大的对手时，它会以此技能来逃生或者吓跑更多的捕食者，从而更好地进行捕食。

用毒高手——隐翅虫

隐翅虫的生存环境十分复杂，常分布在农田、林间、雨林、山地、河畔及海边，甚至在某些哺乳动物的体表也能够存活。隐翅虫食性也十分复杂，大部分吃农林害虫；还有一部分吃腐烂食物；少部分爱吃菌类、植物的果实和花粉等。

自我保护

由于隐翅虫的鞘翅不能很好地保护它的腹部，所以它们进化出了自我保护技能——释放毒液。在它的腹部末端长有一对刺状突起，这就是它们的防卫腺体。在危险降临时，隐翅虫能快速奔跑，并通过防卫腺体释放分泌物，有些能用腹部对准靶标，直接喷雾。隐翅虫的颜色比较鲜艳，这是一种警戒色，告诉敌人：别惹我，我有毒！

捕食高手

隐翅虫非常有捕食策略，它们会积极搜索，还会设埋伏，而且能够找到猎物聚集地。隐翅虫进食方式也很特别，一种为撕碎然后咀嚼，另一种为捕捉然后在口前消化。

小档案

名称：隐翅虫。
分类：鞘翅目隐翅虫科。
分布：世界各地。
生活环境：潮湿环境，如淡水湖边、水沟、池塘、农田。
特征：多数细长、体形小，形似蚂蚁。

名字的来历

有人把隐翅虫叫作“飞蚁”，但实际上它和飞蚁完全不同。隐翅虫的前翅很小，是比较坚硬的鞘翅，但只能遮盖到腹部的前两节。它们的后翅是膜质的，可以用来飞行，不用的时候折叠隐藏在前翅下面，所以才有了“隐翅虫”这个名字。

隐翅虫头呈黑色。

彩虹的眼睛——吉丁虫

吉丁虫是一种以美丽的鞘翅而闻名的昆虫，它们的鞘翅色彩缤纷，甚至被人喻为“彩虹的眼睛”。但吉丁虫其实是一种林业害虫，它们的成虫喜爱啃食叶片，经常会造成树叶缺口；而它们的幼虫危害更大，常躲藏在树皮下，从树底以螺旋形路线往上啃，经常造成树木脱皮、折断甚至枯死。

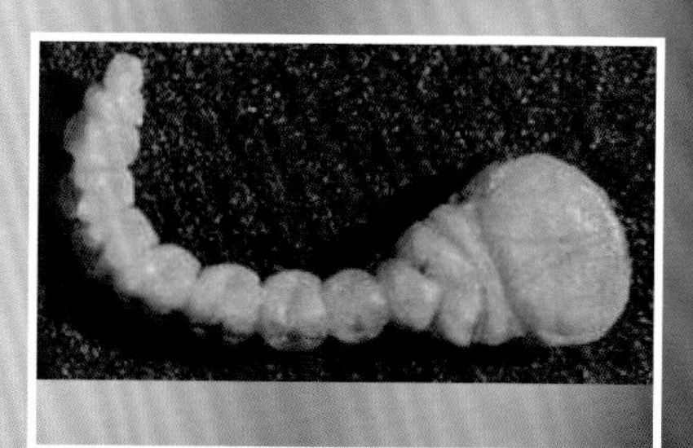

奇特的幼虫

吉丁虫的成虫虽然非常好看，但它们的幼虫长得很奇怪。吉丁虫的幼虫身体又扁又长，没有足，身体很窄而头却非常大，像蝌蚪一样在树干里钻来钻去。

扫一扫画面，小昆虫就可以出现啦！

小档案

名称：吉丁虫。
分类：鞘翅目吉丁虫科。
分布：世界各地。
生活环境：树木上。
特征：有色彩斑斓的鞘翅。

吉丁虫的鞘翅上有纵行隆起线，外缘后端是锯齿状的。

吉丁虫的触角呈栉齿状。

爱大火的昆虫

吉丁虫科的松黑木吉丁虫酷爱火灾，它们能够感知到远在 13 km 外的大火，然后匆匆赶过去，在烧焦的树枝上面产卵。

被钟爱的鞘翅

吉丁虫的鞘翅色彩斑斓，大多数还带有金属光泽，非常好看，因此受到许多艺术家的喜爱。日本人尤其喜爱吉丁虫，经常把它们的鞘翅当作装饰物，镶嵌在家具上。

“龙虾蛾”——苹蚁舟蛾

苹蚁舟蛾是鳞翅目舟蛾科的昆虫，它在幼虫阶段会拟态成其他昆虫躲避天敌的攻击。在一龄时期（从卵孵化为幼虫后）和二龄时期（幼虫第一次蜕皮后），它的外观看起来像是一只蚂蚁，就连移动方式也和蚂蚁如出一辙，这也正是名字中“蚁”的来源之一。等它再长大一些后，外观就变成最奇特的蝎子模样。此时的苹蚁舟蛾食量也会远大于一、二龄时期，不但能咬断树枝，如果放任不管甚至会危害大片林木。

小档案

名称：苹蚁舟蛾。
分类：鳞翅目舟蛾科。
分布：亚洲、欧洲。
生活环境：树木上。
特征：外观像蝎子一样。

臀足变为两个长尖的尾角，外观像蝎子的尾刺。

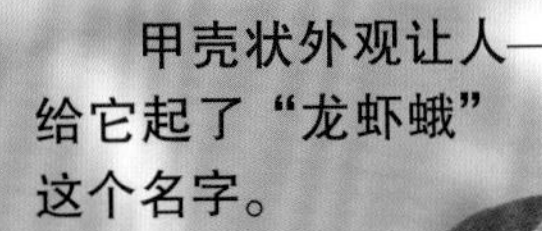

甲壳状外观让人给它起了“龙虾蛾”这个名字。

“龙虾蛾”

很多人觉得苹蚁舟蛾幼虫的防御姿势让它看起来更像是身披甲壳的蝎子而非蚂蚁，这种想法并非空穴来风。实际上，苹蚁舟蛾的英文名字是“Lobster Moth”，直译过来就是“龙虾蛾”，表示的就是它有着和龙虾这种甲壳动物一样的外观。

缓慢的飞行者——泥蛉

泥蛉是泥蛉科昆虫的统称，触角长，呈丝状；两对翅较大，前翅长，部分后翅折叠如扇。成虫行动迟钝，飞行力弱，常栖于岸边植物。幼虫水生，在池、河底爬行，以小昆虫为食。

发育特点

泥蛉属于不完全变态昆虫，若虫形态和生活习性与成虫基本相似，但没有翅膀。若虫有跳跃的能力，可以比较迅速地移动。若虫蜕皮 5 次后会发育为成虫，成虫虽然有翅膀，但行动比较迟缓，飞行能力也很弱。

泥蛉的触角呈丝状。

泥蛉有一对凸出的复眼。

泥蛉的翅膀宽大。

泥蛉的口器是咀嚼式口器。

小档案

名称：泥蛉。

分类：广翅目泥蛉科。

分布：欧洲。

生活环境：凉爽、潮湿的环境。

特征：有十分宽大的翅膀。

生活习性

泥蛉多在夜间活动，白天驻足在水边植物上，夜晚会在空中飞行。有的泥蛉种类还有假死习性，即受惊后会落地装死，受惊后坠落水面也能移动。泥蛉没有集群和迁移的习性，常生活在一个地方，一般分散活动。

远古活化石——蝎子

早在四亿三千万年前的志留纪，蝎子就已经生活在地球上，遍布于山地、雨林甚至沙漠之中。蝎子是非常古老的物种之一，在如此漫长的演变过程中，众多生物都开始了更加适应环境的进化，而蝎子却没有任何改变，它们至今仍旧保留着七千万年前的原始形态。

高高翘起的毒刺

蝎子的尾巴由 6 节组成，向身体的前方高高卷起，尾端长有长长的毒刺。在捕猎的时候，蝎子会先用两只螯死死夹住猎物，再将毒刺刺入猎物体内，用毒液杀死猎物。

长相可怕的益虫

虽然蝎子看起来有点吓人，但它其实是能够保护农作物的益虫，因为蝎子的主要捕食对象是蝗虫、蟑螂等有害昆虫。据统计，一只蝎子一年里可以吃掉 1 万多只害虫。

蝎子尾部的毒刺虽不致命，但会让人感觉到强烈的疼痛。

蝎子的嗅觉器官长在腹部，共有 8 个“鼻孔”，因此嗅觉非常敏锐，讨厌带有强烈气味的东西。

蝎子的体表长有代替耳朵的感觉毛。

蝎子很讨厌强光，只喜欢在光线弱的地方活动。

蝎子的大螯非常有力，能够帮助捕食及进食。

小档案

名称：蝎子。

分类：节肢动物门蛛形纲蝎目。

食性：肉食。

生活环境：潮湿、阴暗的环境。

特征：尾巴带有毒刺。

代替耳朵的感觉毛

蝎子并没有耳朵，它们无法听到猎物和天敌活动的声音。但蝎子的身体表面长有一层感觉毛，它们依靠这些感觉毛察觉到非常微弱的气流变化，捕捉周围的猎物就不在话下啦！

勤奋的园丁——蚯蚓

蚯蚓是一种平日里非常常见的无脊椎动物，它的身体是暗紫红色的，非常柔软。成年蚯蚓身体中间会有一个颜色较浅的环带，这是它用来产卵的地方。蚯蚓的身体非常灵活，它可以用头部挖土，用蠕动的方式在土壤里随意行动。因为蚯蚓没有足，只能靠浑身的肌肉来蠕动前进，因此蚯蚓的爬行路线总是弯弯曲曲的。

蚯蚓的肌肉分为纵肌和环肌，通过两种肌肉的交替收缩来蠕动前进。

蚯蚓身上的环带，它的生殖器官在这里。

蚯蚓没有足，刚毛也极少，一般只有8个。

土壤卫士

蚯蚓喜爱吃腐殖质的食物，在土壤中钻行的过程中，蚯蚓不仅能替植物松土，还会吃掉土壤中的生活垃圾，让土壤变得干净。而且，蚯蚓排泄出的粪便还是很好的肥料。

小档案

名称：蚯蚓。
分类：环节动物门寡毛纲单向蚓目。
分布：除海洋、沙漠、冰封区外各地。
生活环境：土壤内。
特征：暗紫红色、软软的身体。

奇怪的呼吸系统

蚯蚓没有呼吸器官。在皮肤表面湿润的情况下，蚯蚓能够依靠体表的微血管网来进行气体交换，也就是说，它们是依靠皮肤来呼吸的。

害怕盐分

蚯蚓非常害怕盐，接触到盐的蚯蚓剧烈挣扎，浑身麻痹僵硬，皮肤也会变白。因此海水对于蚯蚓来说是非常可怕的存在，海边的土壤里几乎不会有蚯蚓出现。

剧毒杀手——间斑寇蛛

间斑寇蛛俗称黑寡妇蜘蛛，是一种中型蜘蛛，能够分泌含有剧毒的毒液，是世界闻名的剧毒蜘蛛之一。近年来，随着人类生活范围的逐渐扩大，间斑寇蛛使人畜中毒受伤甚至死亡的报道在国内外都屡见不鲜。由于这种蜘蛛的雌性在交配后会立即咬死雄性配偶，因此民间称其为“黑寡妇”。

捕猎方式

间斑寇蛛一般以各种昆虫为食，偶尔也捕食马陆、蜈蚣和其他蜘蛛。当猎物不小心接触到间斑寇蛛的网，间斑寇蛛就迅速从潜伏之地出击，用大量坚韧的网将猎物死死裹住，然后向猎物注入毒素。猎物 10 分钟左右即会中毒并停止活动。间斑寇蛛便将消化酶注入伤口，随后将猎物带回巢穴慢慢享用。

剧烈毒性

间斑寇蛛毒性剧烈，人被它咬到后，伤口处有针扎感，伤口及附近会苍白、发红或起荨麻疹，并有疼痛或压痛，剧痛会在被咬后 5 分钟内迅速扩散，同时可能出现视力模糊、腹胀、恶心呕吐、呼吸急促、发热、抽搐等症状。

间斑寇蛛有8 只眼睛。

间斑寇蛛的腹部有红色斑点。

间斑寇蛛的腿非常长，速度很快。

间斑寇蛛的口器有剧毒。

繁殖方式

雄蛛要想和雌蛛交配，困难重重。首先，雄蛛在接近雌蛛时要避开天敌，许多雄蛛会在寻找雌蛛的过程中遇到天敌而不幸身亡。然后，雄蛛接近雌蛛时还要躲过来自雌蛛的凶猛攻击。最后，雄蛛体形很小，要爬上雌蛛巨大的身体也十分困难，所以雄蛛必须快速奔跑，一旦速度变慢，就会有丧命的危险。一旦与雌蛛完成交配，雄蛛就必须迅速远离雌蛛，否则就会成为雌蛛的又一个“亡夫”。

小档案

名称：间斑寇蛛。
分类：蜘蛛目球腹蛛科。
分布：世界各地。
食性：肉食。
特征：黑色的身体带有红色斑点，腿细长。

身边的蜘蛛——家幽灵蛛

小档案

名称：家幽灵蛛。
分类：蜘蛛目幽灵蛛科。
分布：世界各地。
生活环境：阴暗的地方。
特征：腿部比其他蜘蛛都要长。

家幽灵蛛带有毒性，但是它的毒性太小了，所以根本伤害不到人。这种蜘蛛喜欢在室内墙角、屋顶、桌子和柜子下面等暗处结网，所以在家中偶尔会看到它。它的主要的食物是蚊子和蟑螂等昆虫。

家幽灵蛛腿部比较长。

家幽灵蛛的毒素是蜘蛛中最弱的。

静静地等待

家幽灵蛛一般不会主动寻找食物，它们会在一些阴暗的角落结网等待食物的到来。

家幽灵蛛的特征

雌性家幽灵蛛的体长一般约 9 mm，可是算上它们的腿，就足足有 70 mm 宽了。雄性家幽灵蛛比雌性稍微小一点儿。

家幽灵蛛的优势

事实上，家幽灵蛛的毒性非常有限，它们更多是充分利用自己的腿长优势，在进入对方攻击范围之前提前发起攻击。另外，它们也会通过大范围晃动自己身体的方式让对方无法实施准确的打击。

长腿叔叔——盲蛛

盲蛛是一种身体椭圆、步足细长的蜘蛛。它们的背部高高隆起，前侧有一对臭腺，能够帮助它们躲避天敌。盲蛛生活在潮湿的草丛、墙角及山林里，依靠捕捉小型昆虫及寻找植物碎屑为食。在蛛形目动物从生活在海洋到生活在陆地的进化过程中，盲蛛是进化得非常完善、成熟的种类。

会求偶的盲蛛

盲蛛会进行求偶行为，这是因为盲蛛的眼睛是单眼，它们的视力很差，经常看不清面前的生物究竟是什么。雄性盲蛛求偶，最重要的是避免雌性盲蛛认不出它们，将它们当成猎物吃掉。

这种蜘蛛不织网

肉食性盲蛛并通过不织网的方式来等待猎物上门，而是将触角进化成钳子的形状，主动向猎物出击，亲自动手捕捉猎物。

进化成熟的蜘蛛

盲蛛完全改变了身体的外形和生理系统来适应陆地环境。例如，盲蛛的身体上拥有能够防止水分蒸发的蜡质层，以保证它们能够承受阳光直射；也出现了能够适应水下和陆地的两套呼吸系统，现在的盲蛛依靠气管呼吸。

盲蛛的腿细长。

盲蛛的身体很小，一般小于 5 mm。

盲蛛的眼睛是单眼，因此视力很差。

肉食性盲蛛的触角是钳状的。

小档案

名称：盲蛛。

分类：节肢动物门蛛形纲盲蛛目。

分布：亚洲。

生活环境：潮湿地区。

特征：腿又细又长。

“数不清”的腿——蜈蚣

蜈蚣，是一种身体扁长且长有很多对足的节肢动物。在潮湿山林中的烂叶子和枯树干下面都能看到它们的身影。蜈蚣和很多节肢动物一样都不喜欢太阳，白天的时候，它们经常躲在墙角或砖缝里，一直躲到晚上才会出来捕食。到了冬天的时候，蜈蚣就会躲到背风又温暖的山坡上，钻到泥土里面睡觉，一直睡到第二年春天，等到天气变暖才会重新出来活动。

五毒之一

蜈蚣的头部生有带毒腺的颚，能够排出毒液并注入猎物皮下。蜈蚣的毒液似蜂毒，虽然不会致人死亡，但会让被蜇伤的人疼痛难忍。

小档案

名称：蜈蚣。
分类：节肢动物门唇足纲蜈蚣目。
分布：中国南部。
生活环境：阴暗潮湿。
食性：肉食。
特征：身体扁长，足很多。

蜈蚣的足尖非常锋利。

蜈蚣的触角非常灵敏。

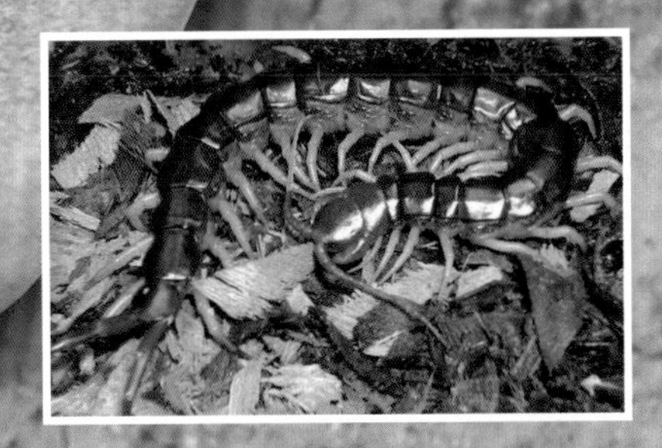

钻缝冠军

蜈蚣钻缝的能力非常强。它们的足是倒钩状的，顶端锐利，能够牢牢抓住墙面，还能够依靠触角和头部来准确判断缝隙的大小，找出最适合自己通过的地方，从来不会被卡住。

蜈蚣爱打架

蜈蚣是典型的肉食性节肢动物，它们的“菜单”里包含菜青虫、蟑螂等各种昆虫。当同一个地方的蜈蚣数量太多的时候，蜈蚣们就会开始“内斗”，将更弱小的蜈蚣当作食物，来减少同类数量。

活药材——球鼠妇

球鼠妇是潮虫科鼠妇属的一种节肢动物，分布极其广泛，从海边到海拔上千米的高地上都有它们活动的身影。它们十分喜欢阴暗潮湿的环境，尤其是在腐烂的木头和苔藓下更是有它们的踪迹。球鼠妇是典型的昼伏夜出生物，它们习惯在阴暗环境中活动，非常讨厌光线直射。

球鼠妇的眼睛为复眼。

球鼠妇的背甲能够向内卷曲，形成防御保护自己。

球鼠妇的短触角顶端生有感觉器，能够帮助感知周围环境。

球鼠妇球

球鼠妇的身体由六节坚硬的自由节组成，这些甲壳向内活动灵活，能够帮助它们在受惊时将自己卷成球形，保护较为柔软的腹部，抵挡来自天敌的伤害。

球鼠妇大胃王

球鼠妇的食性很杂，从绿色叶子到菌菇孢子，无论干枯与否都能当作美餐。它们的进食速度很快，经常会将农作物迅速啃光，因此在沿海地区，球鼠妇偶尔会为农业生产带来危害。

害虫与良药

球鼠妇虽然在农业上被视为害虫，但在中医药学上，却有着非常高的价值。在《本草纲目》中，球鼠妇就被记载有许多种药用价值。

小档案

名称：球鼠妇。
分类：节肢动物门甲壳纲等足目潮虫科。
分布：世界各地。
生活环境：阴暗潮湿。
食性：杂食。
特征：外形呈长椭圆形。

背着房子去旅行——蜗牛

蜗牛是一种背着厚壳的无脊椎动物。它们的身体非常柔软，依靠背上的壳来保护自己。蜗牛的生存适应能力非常强，它们拥有独特的自愈能力，身体和外壳受到损伤后，还能分泌一种物质来进行修复。它们一般生活在阴暗潮湿的疏松土壤里，偶尔会爬到植物叶子的背面进食。因为蜗牛经常啃食植物茎叶和花果，经常破坏农田，因此在农业上被视为害虫。

牙齿最多

蜗牛是世界上牙齿最多的动物，它们的“齿舌”上排列着数万颗牙齿。在蜗牛的一生里，这些小牙齿会随着使用慢慢钝化并被新的牙齿取代。不过虽然牙齿数量多，但蜗牛并不能咀嚼食物，只能用齿舌将食物磨碎。

螺旋背壳

蜗牛从出生起就背着一个螺旋形的壳。这个壳里面并不是空的，蜗牛的内脏器官全部都被保护在壳里，当蜗牛遇到天敌的时候，就会将整个身体全部收进壳中。

蜗牛的壳呈螺旋状。

蜗牛头顶长有 4 条触角，眼睛在最长的两条触角顶端。

保护黏液

蜗牛的黏液拥有非常多的用处。这些黏液不仅能够在它们爬行的时候进行润滑，还能保护它们柔软的身体不被地面磨损，因为黏液的特殊性，它们就算是在刀刃上爬行也不会受伤。

小档案

名称：蜗牛。
分类：软体动物门腹足纲柄眼目。
分布：世界各地。
食性：植食。
生活环境：阴暗、潮湿。
特征：背上有圆圆的壳。

深海长寿者——螯龙虾

螯龙虾是一种生活在海里的龙虾，巨大的螯钳是它们最大的特征。螯龙虾属其实只有3个种类而已，分别是生长在北美洲大西洋海域的北美螯龙虾、生长在欧洲大西洋海域的欧洲螯龙虾和生活在南非地区的南非螯龙虾。螯龙虾一般以海里的小型贝类及鱼类为食，在食物少的时候，也会偶尔吃一些海草。

长寿的大龙虾

虽然螯龙虾的生长速度特别慢，但它们的寿命却很长。人们曾捕捉过20 kg的螯龙虾，按照龙虾的生长速度来算，它已经上百岁了。

奇妙的蓝色

早在2008年9月，几个捕虾人偶然在英国抓到了一只蓝色的螯龙虾，足有2.25 kg重。经研究认为，蓝色螯龙虾的出现是由于这些龙虾体内的某种蛋白质过量，与它们体内的虾青素结合后，才形成的宝蓝色。

缓慢地长大

螯龙虾的生长速度非常缓慢，6 年时间才能长到约一斤重。在螯龙虾从孵化到成年的过程中，它们每年要脱壳两三次才能长大。成年之后，它们也会每年脱壳一次，以便长出更大更坚硬的外壳。

小档案

名称：螯龙虾。

分类：节肢动物门软甲纲。

分布：北美、欧洲及南非附近海域。

生活环境：600 m 深的海洋中。

食性：肉食。

特征：双螯很大。

海洋活化石——鲎

鲎（hòu）是一种非常古老的生物，它们从 4 亿年前的泥盆纪就开始生活在地球上，与三叶虫一样古老。现存的鲎只有 4 个种类，它虽然长得很像螃蟹，却和螃蟹没有丝毫血缘，反倒和蝎子、蜘蛛还有三叶虫是亲戚。如今，鲎在中国已被列为国家二级保护动物。

鲎的复眼在头胸部侧面，视觉发达。

古老的形态

鲎的祖先出现在泥盆纪时期。那时连恐龙还没有出现，原始的鱼类刚刚出现在海洋中。从泥盆纪到今天的 4 亿多年里，鲎的外貌一直没有变化。

小档案

名称：鲎。

分类：节肢动物门肢口纲剑尾目鲎科。

分布：亚洲及北美洲东海岸。

生活环境：浅海。

特征：马蹄形的头和细细的尾巴。

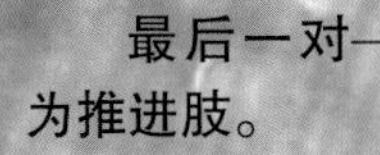

最后一对为推进肢。

鲎的第一对附肢是螯肢，用来捕捉食物。

中间几对为步足，用来走路和把食物送入口中。

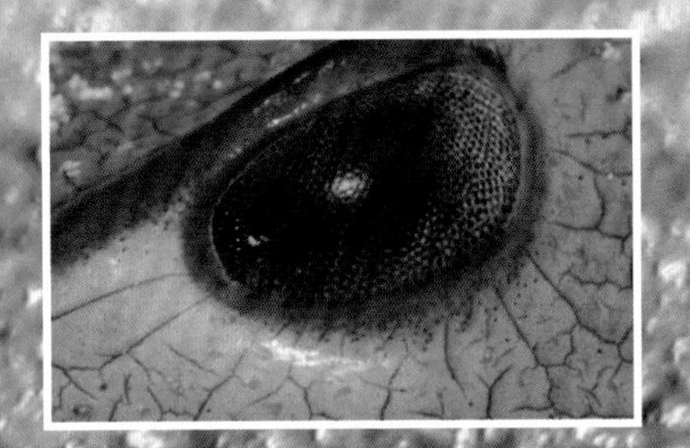

仿生学

鲎有两只单眼和两只复眼，对紫外线非常敏感，对图像的处理能力也非常强。科学家将这种能力应用到电视和雷达系统上，提高了电视画质的清晰度和雷达的灵敏度。

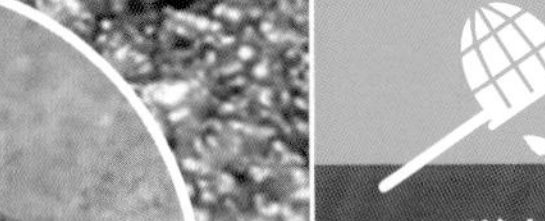

蓝色的血液

鲎的血液是蓝色的，里面含有丰富的铜离子。科学家发现鲎的血液提取物对检测人体组织是否感染细菌非常有效，在食品和制药业上，这种提取物对毒素污染检测也有奇效。

图书在版编目（CIP）数据

昆虫和它们的亲戚 / 韩雨江，陈琪主编．-- 长春：吉林科学技术出版社，2023.8

（昆虫世界大揭秘）

ISBN 978-7-5744-0042-9

Ⅰ．①昆… Ⅱ．①韩… ②陈… Ⅲ．①昆虫－儿童读物 Ⅳ．①Q96-49

中国版本图书馆 CIP 数据核字（2022）第 234797 号

KUNCHONG SHIJIE DA JIEMI　KUNCHONG HE TAMEN DE QINQI

昆虫世界大揭秘　昆虫和它们的亲戚

主　　编　韩雨江　陈　琪
出 版 人　宛　霞
责任编辑　马　爽
助理编辑　宿迪超　徐海韬
封面设计　长春新曦雨文化产业有限公司
制　　版　长春新曦雨文化产业有限公司
美术设计　孙　铭　徐　波　于岫可　付传博
数字美术　贺媛媛　付慧娟　王梓豫　贺立群　李红伟　李　阳
　　　　　马俊德　边宏斌　周　丽　张　博
文案编写　惠俊博　辛　欣　王　杨　冯奕轩

幅面尺寸　210 mm×285 mm
开　　本　16
印　　张　9
字　　数　200 千字
印　　数　1-6000 册
版　　次　2023 年 8 月第 1 版
印　　次　2023 年 8 月第 1 次印刷
出　　版　吉林科学技术出版社
发　　行　吉林科学技术出版社
地　　址　长春市福祉大路 5788 号
邮　　编　130118
发行部电话 / 传真　0431-81629529　81629530　81629531
　　　　　　　　　81629532　81629533　81629534
储运部电话　0431-86059116
编辑部电话　0431-81629518
印　　刷　吉林省科普印刷有限公司
书　　号　ISBN 978-7-5744-0042-9
定　　价　88.00 元

版权所有　翻印必究　　举报电话：0431-81629508